JN232748

制御と学習の人間科学

工学博士 斎藤 正男 著

コロナ社

まえがき

　現代社会では大部分の人たちが機械環境の中で生活しています。「機械は冷たい，暖かい人の手で」，「自然の中でのびのびと」などと言っても，ごく限られた人しかそれを実行できません。これからの私たちは機械を拒否するのでなく，機械と仲よく暮らさなければなりません。人間には人間特有の情感や人生観があり，機械は冷静で客観的な動作をします。両者は本質的に異質であり，しかも仲よく暮らさなければなりません。

　最近の大学では，自由に多様な教育をすることが声高く言われますが，人間と機械の「仲よい関係」についての見方はほとんどありません。人間あるいは機械についての教科はありますが，どちらか一方からの見方に終わっています。工学系では「人間尊重」と言いながら人間機械論に終始し，文科系では機械は単なる道具で使い方を教えればよい程度に考えています。人間と機械の関係は，もっと深刻にたがいの本質に影響し合うものです。

　ハイテク化，情報化，福祉・介護機器など，社会では機械環境が激しく変化しつつあります。人間は便利さに目を注ぎ，機械を使い，その影響を受けます。気が付くと思考様式まで大きく変化しています。なりゆきに任せるのでなく，人間が機械環境の中でどのように生きるかを導く専門家が望まれます。さまざまな分野の専門家が人間と機械の関係についての知識を持つことが望ましいのです。その意味での入門書があってもよいと考えました。

　この本では，制御・計測・学習の過程をまず取り上げ，人間と機械の関係に焦点を当てました。人間が「こうしたい」と考え，知識と行動能力を獲得するときに，人間と機械の関係が浮き彫りになり，それが機械環境の中で人間が「生きる」ことそのものだとも考えられるからです。

　私は長年医学部と工学部の研究教育に関係して人間と機械の問題にかかわ

り，また数多くの境界領域学会に関係し，多様な分野の専門家と交流しました。それぞれの専門領域では，自分の城の中での問題を深く掘り下げているのに，他領域との関連を付けることはきわめて皮相的です。しかしごく簡単な概念を交換するだけでも，たいへん新鮮に感じるようです。他分野から高度の専門知識を輸入するというよりは，基本的な考え方を自分なりの体系に組み入れて活用するという姿勢の人が多くいます。

以上のような現状認識で，理工系あるいは文科系の学部上級生，大学院学生のレベルで演習等に使用できる教材を用意してみました。固有の専門的知識はなるべく避け，思想が混ざり合う部分に重点を置きました。初歩的で雑な解説が混入し，広く浅い記述に終わったことも事実です。各読者は専門の部分は軽く読み飛ばし，それ以外の領域との絡みに注意を払ってください。

しかしこの本は単なる入門書ではなく，初歩者から専門研究者まで広い範囲の読者が思想を闘わせるための問題提起，研究現状の批判などを各章に仕込んであります。単なる文明評論に終わらずに，人間と機械文明の相互作用とあり方について，広くあるいは深く考察を深めてほしいものです。

この問題についての思想や知識はまだ体系化されていません。私自身が境界領域での多数の学会や研究集会での議論を通して，各分野の専門家の考え方と興味を自分の肌で感じ，構成しました。これから新鮮な感覚で問題に取り組む学生諸君には，違和感があるかもしれません。機会があれば関心のある先生方が改良版を出して下さることを期待します。

この本を出版するにあたっては，コロナ社の多くの方々にお世話になりました。地道な努力に理解を示していただいたことに，深く感謝いたします。

2005年4月

斎藤　正男

目　　次

1.　生物は働きかける

1.1　人間の始まり ……………………………………………………… *1*
1.2　外の世界に向かって ……………………………………………… *2*
1.3　大人になって ……………………………………………………… *3*
1.4　制御（コントロール）ということ ……………………………… *4*
1.5　働きかけの主体と対象 …………………………………………… *5*
1.6　作用する側とされる側 …………………………………………… *7*
1.7　この章のまとめ …………………………………………………… *8*

2.　相手の状態を知る

2.1　よい制御をするために …………………………………………… *9*
2.2　働きかけは知識の獲得 …………………………………………… *10*
2.3　制御と計測は二つ一組 …………………………………………… *11*
2.4　信　号　路 ………………………………………………………… *12*
2.5　擾乱と不確実性 …………………………………………………… *13*
2.6　学習する人間 ……………………………………………………… *14*
2.7　注意とやる気 ……………………………………………………… *15*
2.8　この章のまとめ …………………………………………………… *16*

3.　一定の状態を保つ

3.1　自動制御の技術 …………………………………………………… *18*
3.2　古典的制御の仕組み ……………………………………………… *19*
3.3　フィードバック …………………………………………………… *20*
3.4　ネガティブフィードバック ……………………………………… *22*
3.5　生物と工学理論 …………………………………………………… *23*
3.6　ホメオスタシス …………………………………………………… *25*

3.7 生体の総合的な動作 ………………………………… 25
3.8 記憶とイメージ ……………………………………… 26
3.9 この章のまとめ ……………………………………… 27

4. より柔軟な制御

4.1 一定だけでよいのか ………………………………… 28
4.2 ダイナミックな制御 ………………………………… 28
4.3 目的地への経路 ……………………………………… 30
4.4 対象の状態と作用 …………………………………… 31
4.5 どの経路がよいのか ………………………………… 32
4.6 逆方向問題 …………………………………………… 33
4.7 状態の遷移と安定性 ………………………………… 34
4.8 この章のまとめ ……………………………………… 36

5. 制御・計測・学習のできる範囲

5.1 制御可能性と計測可能性 …………………………… 37
5.2 主体と信号路の問題 ………………………………… 38
5.3 学習するのは主体 …………………………………… 39
5.4 制御能力が獲得されるまで ………………………… 41
5.5 機械の支援 …………………………………………… 42
5.6 この章のまとめ ……………………………………… 43

6. 自然界と生物の最適性

6.1 最適な経路の選択 …………………………………… 45
6.2 なんでも最適性？ …………………………………… 46
6.3 生物の行動と評価基準 ……………………………… 47
6.4 不確かな選択 ………………………………………… 48
6.5 個体と種の最適化 …………………………………… 50
6.6 評価のすり替え ……………………………………… 52
6.7 この章のまとめ ……………………………………… 54

7. 進化のメカニズム

- 7.1 進化の基本要素 …………………………………… *55*
- 7.2 遺伝的アルゴリズム ………………………………… *56*
- 7.3 生物の進化 …………………………………………… *57*
- 7.4 種の相互関係 ………………………………………… *58*
- 7.5 分散システム ………………………………………… *59*
- 7.6 スタックとご破算 …………………………………… *60*
- 7.7 局所的最適化と擾乱 ………………………………… *62*
- 7.8 局所的最適性と個体の行動 ………………………… *63*
- 7.9 この章のまとめ ……………………………………… *65*

8. 遺伝と学習

- 8.1 元々はどうだったのか ……………………………… *66*
- 8.2 親の庇護と教育 ……………………………………… *68*
- 8.3 親離れの意味 ………………………………………… *69*
- 8.4 この章のまとめ ……………………………………… *71*

9. 生物の中での情報処理

- 9.1 さまざまなメカニズム ……………………………… *73*
- 9.2 神経細胞の動作 ……………………………………… *74*
- 9.3 神経回路の学習 ……………………………………… *76*
- 9.4 学習機械 ……………………………………………… *77*
- 9.5 学習と着目点 ………………………………………… *78*
- 9.6 神経回路と波動 ……………………………………… *79*
- 9.7 波動・記憶・情感 …………………………………… *80*
- 9.8 情感と総合化 ………………………………………… *81*
- 9.9 この章のまとめ ……………………………………… *83*

10. 法則を抽出する

- 10.1 経験に学ぶ …………………………………………… *84*
- 10.2 条件反射 ……………………………………………… *85*

10.3	学習曲線	85
10.4	条件反射の性質	86
10.5	賞と罰	88
10.6	学習と動機	89
10.7	複雑な現実	90
10.8	この章のまとめ	92

11. 学習と記憶

11.1	記憶の役割	94
11.2	脳研究—上からと下から	95
11.3	記憶の定着	96
11.4	記憶のブロック図	97
11.5	感覚一時貯蔵（SIS）	98
11.6	短期記憶（STM）	99
11.7	STM の役割	100
11.8	長期記憶（LTM）	101
11.9	記銘と想起	102
11.10	成長過程と記憶	103
11.11	この章のまとめ	105

12. 人間と機械の協力

12.1	新しい関係	106
12.2	制御可能と計測可能	108
12.3	学習ができるか	109
12.4	計測路の支援	110
12.5	制御路の支援	111
12.6	階層構造	111
12.7	この章のまとめ	112

13. 自分自身を制御する

13.1	自己制御	114
13.2	機械の支援	115

13.3	自分の状態を知る	116
13.4	バイオフィードバック	117
13.5	バイオフィードバックのモデル	119
13.6	バイオフィードバックの実際	119
13.7	記憶の役割	121
13.8	生体の改造	122
13.9	人間と機械の一体化	123
13.10	この章のまとめ	124

14. 情報マシンとしての人間

14.1	情報処理マシン	126
14.2	情報量と信号路容量	127
14.3	情報を受け取る	128
14.4	感覚レベル	128
14.5	認知レベル	129
14.6	情報の記憶と貯蔵	130
14.7	認知・判断の能力	131
14.8	情報の呈示	133
14.9	情報を送出する	134
14.10	学習過程と情報	135
14.11	この章のまとめ	136

15. 人間を助ける機械

15.1	人間のパートナー	137
15.2	対象を理解する	139
15.3	信号路	140
15.4	制御信号の支援	142
15.5	人間の感覚と信号	142
15.6	必要な成分の抽出	144
15.7	時間遅れと予測	145
15.8	表示の工夫	147
15.9	対象のモデル	148
15.10	対象の複雑さ	149

15.11 シミュレーション ………………………………………… *150*
15.12 この章のまとめ …………………………………………… *151*

16. 機械が提供する世界

16.1 機械の能力が高くなると …………………………………… *153*
16.2 人間と機械は異質 ……………………………………………… *153*
16.3 不 適 切 問 題 ……………………………………………… *154*
16.4 仮説検定，人間と機械 ………………………………………… *156*
16.5 集 団 と 確 率 ……………………………………………… *157*
16.6 仮 想 と 学 習 ……………………………………………… *159*
16.7 仮想世界の展開 …………………………………………………… *160*
16.8 この章のまとめ …………………………………………………… *161*

17. 人間と機械は仲よく

17.1 違うもの同士の協力 …………………………………………… *163*
17.2 機 械 の 側 か ら ……………………………………………… *164*
17.3 揺さぶりをかける ……………………………………………… *165*
17.4 や る 気 と 機 械 ……………………………………………… *166*
17.5 人 間 の 変 化 ……………………………………………… *168*
17.6 機械と仲よく ……………………………………………………… *170*
17.7 三 角 関 係 ……………………………………………… *172*
17.8 進化の原理からの逸脱 ………………………………………… *173*
17.9 この章のまとめ …………………………………………………… *175*

付　　　　録

A.1 情報と情報量 ……………………………………………………… *177*
A.2 古典的制御の基本図式 ………………………………………… *178*
A.3 学習曲線の意味 …………………………………………………… *179*
A.4 条件反射を形成する回路 ……………………………………… *180*
A.5 学習と外部計測路の効果 ……………………………………… *181*

索　　　　引 ……………………………………………………………… *184*

1

生物は働きかける

1.1 人間の始まり

　お父さんからやって来た精子がお母さんの卵子に出会い，一緒になると，一人の人間の歴史が始まります。お父さんとお母さんの遺伝子が組み合わされ，一つの細胞ができます。時間が経つと細胞はもらった遺伝子の設計図に従って分裂し，細胞を増やして生物としての形を整えていきます。もう赤ちゃんと呼んでもよいでしょう。赤ちゃんはやがてお母さんの子宮の中に自分の住む場所を決めて，そこに落ち着きます。双子ができることもありますが，たいていは子宮の中での独り暮らしです。

　お母さんは家主で，赤ちゃんは間借り人です。少しずつお母さんと赤ちゃんのコミュニケーションが始まります。赤ちゃんは，お母さんから管を通して栄養を補給してもらいますが，ホルモンのような情報伝達物質もやって来ます。お母さんが「いらいら」すると，それは赤ちゃんに伝わります。お母さんが体を動かすと，赤ちゃんの姿勢や位置が変わります。居心地が悪いときには赤ちゃんは体を動かして，それをお母さんに訴えているように見えます。

　お母さんの体の中での生活はいろいろとたいへんでしたが，赤ちゃんにはやがて生まれる日が来ます。お母さんも赤ちゃんもこの日のためにいくらか準備をしてきましたが，いざとなるとたいへんです。お母さんが苦しい思いをしてがんばっている間に，赤ちゃんもたいへんな苦労をして産道を通り抜け，外の世界に出ます。そこはただただ驚きの世界です（図 **1.1**）。

1. 生物は働きかける

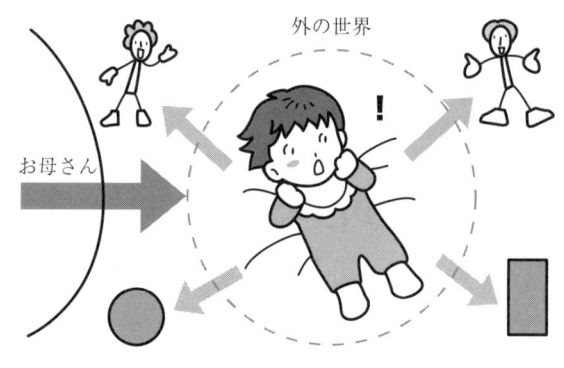

図 1.1 始めてのものばかり

赤ちゃんはなにがどうなっているのかわからず、コミュニケーションどころではありません。泣き叫ぶだけです。しかし時間が経ち日が経つと、少し落ち着きます。

1.2 外の世界に向かって

生まれたばかりの赤ちゃんは、まわりをなんとなくと感じているだけです。しかし日が経つと、やがてお母さんが自分と別の存在であることを知り、外の世界にいろいろな「もの」があることを知ります。このときから赤ちゃんは、「なんとなく生きている」のではなく、世界の中で自分の位置を確かめ、他の人とコミュニケーションをする生物へと進歩し始めます。

赤ちゃんは、声を出し、体を動かして、とにかく外へ外へとまわりの世界に向かって働きかけます。そして反応を受け取り、外の世界についての自分の知識を積み重ねます。

赤ちゃんはよく指をしゃぶります。始めはなんとなくしゃぶっていますが、やがて「指」というものがあることを知ります。自分の指を眺め、外の世界の物に指で触れます（図 1.2）。外の世界に働きかけることによって、赤ちゃんはいろいろなことを知ります。

お母さんに触って安心し、美しい花に手を伸ばします。もう「好奇心」が芽

生えています。このように外の世界に関心を持ち、自分から外の世界に働きかけることが、「生物本来の姿」です。赤ちゃんが外の世界に向かって手を差し伸ばすとき、それは「自分の意思で積極的に生きよう」とする姿勢だと言えるでしょう。

図 1.2　手を伸ばし働きかける

1.3　大人になって

やがて赤ちゃんは大きく育ち、社会の一員になります。大人になると、自分勝手なやり方で外の世界に働きかけるわけにはいきません。大人は自分の置かれた環境や、他人との関係に折り合いをつけて、妥協しながら生きていかなければなりません（**図 1.3**）。しかし自分からまわりの世界に向かって働きかけ、反応を受け取り、よく考えることによって知識を獲得するという図式は、赤ちゃんのときと同じです。

大人になると、人間社会の中で自分の役目を果たさなければなりません。また暴走したり失敗したりして他人に迷惑をかけないように、自分の気持ちと行

図 1.3　人間関係

動を制御しなければなりません。自分を制御する方法を他人から教えてもらうこともありますが，結局は自分で自分の心と体に働きかけなければなりません。外の世界と自分自身では働きかける相手は違いますが，構図としては同じことです（図 1.4）。

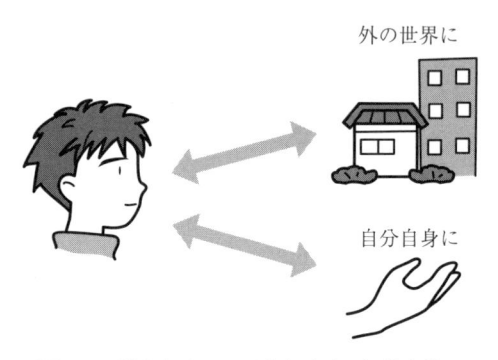

図 1.4　働きかけて，反応を受け，知識を得る

　人間は生きているかぎり，自分自身と外の世界に向かって働きかけるものです。「働きかける」ことが「人生」です。自分の内外に働きかけ，その結果を冷静に総合して眺めることは，「自分は世界の一部」だとして理解することでもあります。

1.4　制御（コントロール）ということ

　赤ちゃんは無心に外の世界に働きかけます。しかし大人が自分自身や外の世界に働きかけるときには，多少なりとも「こうしたい」という気持ちがあります。それは目的，意識，下心と言ってよいでしょう。目的を持つ働きかけを，「制御」（コントロール）と言います。

　制御（コントロール）は，よく聞く言葉です[†]。「A 君はあの機械を制御でき

[†]　「制御」と「コントロール」は同じ意味です。しかし慣習上どちらかを使うことがあります。野球のピッチャーは「球をコントロール」しますが，「制御する」とは言いません。

る」と言うとき，「機械を運転できる」だけでなく，「自由自在に」，「思うままに」という意味を含んでいます．「あの家庭は奥さんがコントロールする」と言うと，（怖いか優しいかは別にして，）奥さんが旦那も子供も思うままに操縦していることを意味します．

自分自身や外の世界を「こうしたい」と思っても，思うだけでは駄目です．自動車の運転を教わるのも大事ですが，理屈だけでなく自分でやってみることが必要です．つまり自動車に「働きかけ」て（ぶつけるまでは体験しなくても），「どうすればどう動くのか」を実感することが大事です．制御には必ず実行が伴います．

制御（コントロール）とは，「相手を思うままにする」ということです．少し難しく言えば，「自分が望む状態に相手を持ち来たすこと」です†．ここで「望む状態」という表現には，意思が含まれています．風が吹けば木の枝がなびきますが，風には意思がありませんから，「木の枝を制御する」とは言いません（図1.5）．しかし童話の中で風が人物化され，「木の枝を動かそう」と思って吹いているのなら，「制御している」と言えます．

図1.5 「風さん」と木の枝

1.5 働きかけの主体と対象

制御では，だれかがだれかに（なにかがなにかに）向かって働きかけます．「働きかけ」を，「作用」と言います．作用する側を（制御の）「主体」，作用される側を（制御の）「対象」と言います（**図1.6**）．つまり制御とは，「主体が対象に作用を与える」ことです．

---

† 「状態」という言葉にこだわる人がいるかもしれません．ここでは「規定できるありさま」とします．「静止している」，「動いている」も状態と言えます．

1. 生物は働きかける

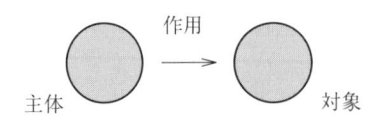

図 1.6 主体と対象

人間が機械を運転するとき，主体は人間で，対象は機械です（**図 1.7**）。人間は手で操作盤を動かして，機械に命令を伝えます。これが作用です。家庭で主婦が家族の面倒をみているとき，主婦は家族を制御していると言えます（**図 1.8**）。制御の主体は主婦で，対象は家族全員です（対象は複数でもよいのです）。主婦は家族のそれぞれに言葉，小遣い，人情，腕力？　など，いろいろな形で作用します。作用にはいろいろな形があります。

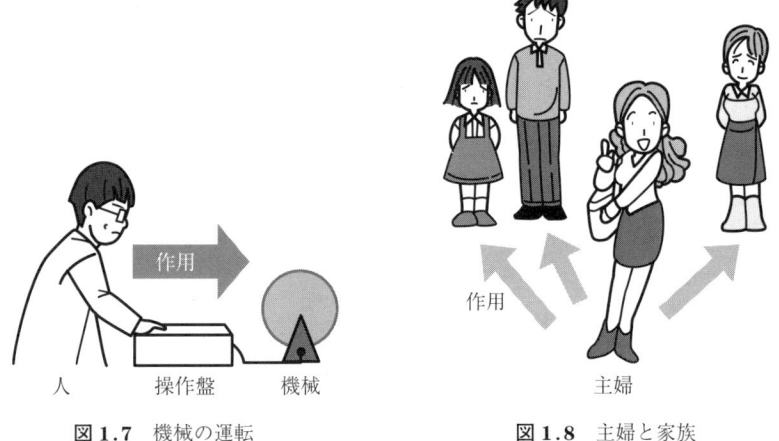

図 1.7 機械の運転

図 1.8 主婦と家族

　上の二つの例では，主体が自分の外に向かって作用します。しかし人間が自分自身に向かって作用することもあります。それは「自己制御」と言います。運動競技では，「そこで右手をこういう具合に」と自分の体に話しかけ，働きかけます。俳優が舞台に出るときには，「落ち着け，落ち着け」と自分の心に言いきかせます。

　自分の手を動かすとき，制御の主体は脳で，対象は手です。自分の体の中のことですから，わざわざ作用を伝える必要がないように見えますが，制御理論では，主体と対象は常に別のものだと考えます。脳は，神経を通して手に作用します（**図 1.9**）。そう考えれば，人間が機械を運転するときと同じことです。

脳　　　　　神経　　　　　手
(主体)　　　(作用)　　　(対象)

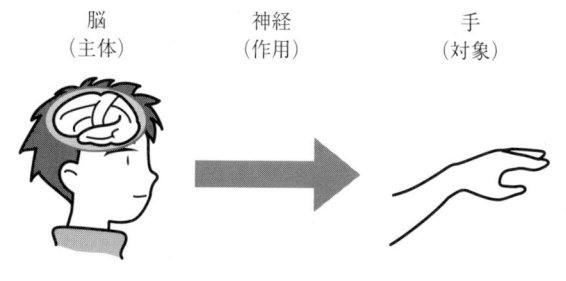

図1.9　手　の　制　御

1.6　作用する側とされる側

　主体は,「相手をこうしよう」という目的を持って対象に作用します。政治家が演説をするとき,オペラ歌手が歌うとき,聴衆に向かってごく自然に手を伸ばします。もちろんなにかを押したり,つかんだりするためではありません。聴衆に「訴え,作用したい」という気持ちの自然な現れです。政治家や歌手は目的を持って作用を送りますが,それをどう受け取るかは,聴衆の気持ちしだいです。

　作用を効果的に受け取ってもらうためには,対象の力量や気分に合った作用を送ることが大事です。小学生に高等数学を教えたのでは,いくら貴重な話でも無駄でしょう。雑な部下に細かな指示をしても,ほとんど理解されないでしょう(図1.10)。これは組織体では特に大事なことで,相手のレベル,やる気,体調などを把握して働きかけないと「すれ違い」や「誤解」の元になります。「言ったから聞いたはず」,「書いたから読んだはず」では,意思が伝わりません。

　さらに作用する側,作用される側がどちらも人間であると,両者を取り巻く雰囲気や気分が大事です。同じことを言っても,話すほうと聞くほうの気持ちによって状況が変わります。熱意を持って話しても理解されないことがありますし,本気で叱っても「実は嬉しいのだ」と受け取られることがあります。

　人間同士のやり取りでは,文章や動作だけでなく,双方の気持ち,熱意,雰

図1.10 相手についての知識が大事

囲気といった微妙な状況が，作用の効果に影響します。相手もいろいろ変わりますから，こちらの気持ちだけでは決まりません。なかなか複雑です。「部下の説得の仕方」という本を1冊読んで，「全部わかった，これでうまくいく」というわけにはいきません。これは数学や機械とは違う人間世界の問題です。

1.7 この章のまとめ

生物は，外の世界に向かって働きかけます。人間は生きているかぎり，自分の内と外に向かって働きかけるものです。

目的を持つ作用を，制御（コントロール）と言います。作用には，いろいろな形があります。作用する側を主体，作用される側を対象と言います。主体・作用・対象という構図は，自分自身へ作用するときも外の世界へ作用するときも同じです。自分自身への作用を「自己制御」と言います。

主体から対象に適切な作用を送ることが大事です。人間の間の制御では，形式だけでなく，やる気，熱意，雰囲気が背景にあり，制御の効果に影響します（**図1.11**）。

図1.11 まとめ

2

相手の状態を知る

2.1　よい制御をするために

　制御とは,「相手をこういう状態にしよう」と思って働きかけることです。働きかけたときに対象がどう反応したかを知ることによって,主体の持つ知識が増えていきます。よい制御をするためには,漫然と働きかけるのでなく,対象がどのような状態にあるかを知って,それによく合った（整合した）作用を送ることが大事です。

　社長が社員に働きかける場面をよく見ます。ワンマン社長は,自分の信念で行動し,「俺について来い」と言います（図 2.1A）。社員は言われたとおり努

図 2.1　社 長 と 社 員

力しますが，なかなかうまくいきません。社長は「俺の言うことがわからないのか」といらいらし，社員は「そんなことを言っても無理だ」と思いつつがんばります。双方とも不満を抱えたままで，仕事もうまく進みません。

上の関係のどこを改善すればよいのでしょうか？　社長は社員の状態を見てから，「どう訓辞をすればよいか」と考えて働きかけるべきです（図B）。管理の上手な社長は社員の状態を把握して，「褒めたりけなしたり」して社員を導きます。社員は「乗せられた」と思いながら，ついていきます。

ここで気が付きますが，社長は社員の現状だけでなく，「どう作用すればどうなるか」，つまり対象の性質や反応についての知識を持つことが必要です。しかし始めから社員のことはわかりません。働きかけて結果を見ているとわかってきます。つまりまず作用してその結果を知ることで，社長の知識が増えていきます。

2.2　働きかけは知識の獲得

赤ちゃんは，外の世界にある物にも自分の体にも，とにかく手を伸ばして触れてみます。お母さんに触れると安心します。動物の子供はなにかを見ると，「食べられるか？」などと思う前に食べます。食べてまずければ，つぎの機会には食べません。刺されると，もっと印象が強烈でよく覚えています。

子供は物に触れてそれがあることを確かめ，硬い，熱いという性質を知ります（図2.2）。つまり行動によって外の世界を経験し，知識を積み重ねます。

図2.2　知識の獲得

眼の網膜に写るのは2次元の光景ですが，行動した結果と光景を結び付けて，3次元の世界を理解し行動するようになります。人や玩具が「実在するもの」であることを理解し，なにかの陰に隠れて見えなくなっても，「この世から消えたのではない」と理解します。

　生物は，外の世界や自分自身に働きかけ，成功と失敗を繰り返します。そして結果を反省することによって知識を獲得し，もっと賢い行動をします。働きかけが単なる好奇心から始まっても，それは成長するための積極的な手段です。そして失敗の経験は，成功の経験と同様に重要です。

　このように対象の状態を知ることは，よい制御をするために，また対象についての知識を獲得するために重要です。主体が対象の状態を調べることを，「計測」と言います。計測は測定とも言います†。

2.3　制御と計測は二つ一組

　制御と計測は，だいたい同じタイミングで実行されます。制御は主体から対象への作用，計測は対象から主体への情報の流れですから，図2.3のような双方向のやり取りになります（基本図式と言います）。制御と計測は，二つが一組になって始めて意味のあることで，どちらが不十分でもよい制御はできませんし，知識を獲得することもできません。

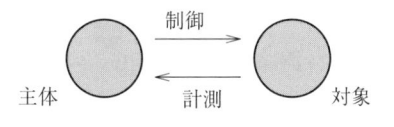

図2.3　制御と計測

　さて制御と計測の時間的な前後関係について，二つの場合があることに気が付きます。前の例での社長は，社員の状態を知ってから働きかけます。また後で社員の状態を調べて，社員の性質や働きかけの効果についての知識を得ます。つまり働きかける前に対象の状態を知るか，後で知るかです。両方があってもよいのです。

---

† 計測と測定は同じ意味です。この本では計測と言います。

2. 相手の状態を知る

1回だけの働きかけで終わりなら，二つの場合は違います。しかしたいていの場合，主体は対象に作用した後でその結果を知り，考えたうえでつぎの働きかけをします。つまり制御と計測は循環して何回も繰り返され，繰り返しによって主体は知識を獲得し，より賢い行動をします（図2.4）。これは「学習」，「訓練」と言います†。このように制御と計測が循環する場合には，制御と計測のどちらから始まってもたいした違いはありません。厳密に区別しなくてもよいでしょう。

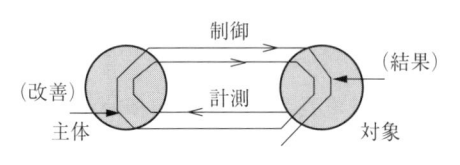

図2.4 制御と計測の繰り返し＝学習・訓練

2.4 信 号 路

主体と対象は別々の存在ですから，その間には，作用や情報を運ぶ道が必要です。社長と社員は，会話・文書で命令・報告をやり取りし，脳と手の間では，神経・視力によって指令・情報が伝えられます。

作用や情報を「信号」と考え，それらを運ぶ路を「信号路」と言います。制御路，計測路と区別してもよいでしょう。制御路と計測路は，制御信号と計測信号をたがいに逆の向きに運びます（図2.5）。

作用や結果をやり取りするのは主体と対象ですが，その「やり取り」を運ぶ信号路も大事です。後で説明しますが，信号は水の流れのようなもので，信号路は水を通すパイプです。パイプが十分太くないと必要なだけの水を送ることができません。報告書のページ数が足りないと満足な報告ができないようなものです。

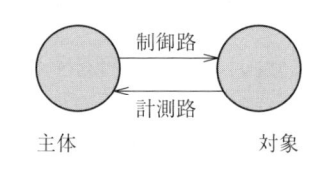

図2.5 二つの信号路

---

† 「学習」と「訓練」は厳密に区別する必要はありません。自主性が強いときに「学習」と言い，他人の関与が強いときに「訓練」と言う程度の違いです。

2.5 擾乱と不確実性

　実際の制御・計測の場面では，信号が正しく相手側に伝わるとはかぎりません。社長から社員への制御路では，社長が口下手，周囲が騒がしい，社員が聞いていないなど，社長の気持ちが社員の心に響くまでには，さまざまな問題があるでしょう（図2.6）。計測路でも同じような問題が起きます。

　社長自身の声を少し離れた社員の耳に届けようとするから，問題が起きるのだとも言えます。社長の意を受けた弁舌の達者な秘書が，マイクに向かって話し，社員はスピーカーからの声を聞いてもよいのです。「社長じきじきのお言葉」ではありませんが，内容はよく伝わります。つまり信号路が不備でも，それを技術が補います。

図2.6　不確実性

　対象にも，主体からの制御信号以外に，環境からの影響があるかもしれません。社員の気分が違うかもしれませんし，前日の徹夜作業，空調の調子が悪いなど問題があるかもしれません。対象が人間であると，気分によって状態が変わるでしょう。すべての条件が同じだとしても，対象の反応は日や時刻によって違うかもしれません。

　このように制御・計測信号がやり取りされるとき，基本図式に書いてないさまざま妨害が混入し，制御信号と計測信号の関係を不確実・不明確なものにします。これらの妨害を，一般に「擾乱」（じょうらん）と言います（図2.7）。

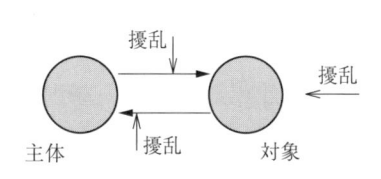

図2.7　さまざまな擾乱

　実際の学習では，多少の擾乱がある中

14   2. 相手の状態を知る

で制御と計測を繰り返します。同じ制御信号を送っても，同じ結果が返ってくるとはかぎりません。擾乱の性質が詳しくわかっていれば補正できますが，たいていは「こうなることが多いが，違うこともある」という確率の問題になります。1回だけの試行ですべてはわかりませんから，早飲込みをせずに作用を続け，結果を冷静に掘り下げることが大事です。

2.6 学習する人間

　主体が多少の擾乱の中で制御・計測，すなわち働きかけと成功・失敗を繰り返すことによって，どのような働きかけが成功するかがわかってきます。それがよい行動を学習したことになります。

　対象を制御することが主な目的である場合には，制御と計測を繰り返す間に知識が増えて，よりよい制御ができるようになります。また知識の獲得が主な目的である場合には，制御と計測を繰り返してその結果をよく反省することが大事です。二つの場合で目的は少し違いますが，主体としてやるべきことは同じですから，二つの場合を厳密には区別しないことにします。

　さて主体の内部では，基本図式に描いてない非常に重要な思考が進行します。制御信号を送り，計測信号が帰ってきます。主体は二つの信号を比較し，過去の試行経験も参考にして，つぎの制御信号をどうするか決めます（**図2.8**）。社長の例では，社員の状態を見て「つぎはどういう手を打つか」という作戦です。ここには人間の気分・主義が入る選択の余地があり，人間の独自性を発揮できます。

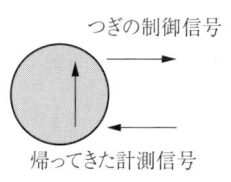

つぎの制御信号
帰ってきた計測信号
図2.8　主体の思考

　擾乱が小さいときには，制御・計測を繰り返せば学習は正しい方向に進むでしょう。しかし擾乱が大きく，成功・失敗が確率の問題になると，一度で正解に到達することはできません。間違った方向に行かないように，少しずつ正解と思われる方向に進むのが普通です。

擾乱が極端に大きいと学習は進みません。その場合もあきらめずに工夫をしたいものです。機械は信号路の不備を補い，計測結果から必要な成分を抽出し，人間の思考を助けることができます。信号路・対象の特性，擾乱の性質，人間の思考過程などを掘り下げて検討し，学習を助ける環境や支援機器を設計することが，「制御と学習の人間科学」です。

2.7 注意とやる気

人間が主体としてつぎの制御信号を計画するときには，その思考過程は決まったプログラムによって動くのではなく，本人の精神状態によって変わります。また対象が人間であるときにも，同じ問題が起きます。

ここまでは主体と対象が与えられた信号を率直に受け取り反応し，あるいは学習に努力していると想定してきました。しかしいつもそうとはかぎりません。気分，注意，性格，体調などいろいろな要素が，精神の集中を妨げ，学習の進行に影響します。

呑気(のんき)な社長は，訓示をしたらすぐにそれを忘れ，社員の反応を気にしないでしょう（図2.9）。そうなると，「注意深い社長」を想定して会社の指揮系統を設計しても，うまく機能しないでしょう。

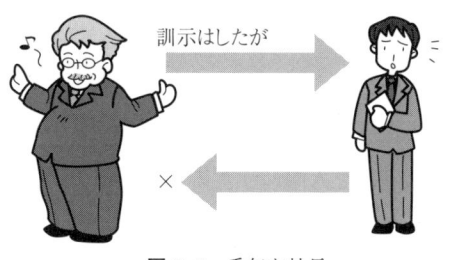

図2.9 呑気な社長

制御・計測システム，あるいは学習システムの設計でよく見られる誤りは，関係者がいつも「やる気十分」で，精一杯に努力するだろうという想定です。学校教育では，学生に十分勉強する気があるとして授業を計画します（図2.10）。

これらの例以外にも，注意ややる気が制御・計測に影響する場合が多いでしょう。やる気や注意は制御・計測・学習システムの背後にあって，その動作を支配します。

16   2. 相手の状態を知る

学生は勉強する気十分なはずだ。

今日は気分がのらない。

図 2.10　先生と学生

生物は，やる気を出して学習をしなければ進歩は遅いのです。学校の卒業までは長い道のりです。ハイテクの世の中ですから，制御・計測の試行錯誤はロボットにやってもらって，「学習が完成したら人間はその結果だけもらえばよい」という考えもあるでしょう（図 2.11）。これは「代理学習」だと言えます。

しかし人間は，自分で成功と失敗の経験をすることが大事です。それは単に「こうすればこうなる」という知識だけでなく，経験を通して世の中の仕組みを知り，将来別の問題にも応用する能力を身に付けていくからです。人間の強さ，たくましさがそこから芽生えます。

知識の転移　試行錯誤

図 2.11　代理学習？

また成功・失敗には喜び・失望といった感情が伴います。それは単なる知識以上の力を人間に与えます。生物の学習は明らかに機械の学習とは違います。それを掘り下げて，人間に適した学習のあり方を考えなければなりません。

2.8　この章のまとめ

よい制御をするためには，対象の性質と状態を知ることが大事です。また対象についての知識を得るためには，作用した結果を知ることが大事です。対象の状態を調べることを計測と言います。計測と制御は二つが一組として機能すべきものです。計測結果を受け取り，よく考えてつぎの制御を計画するのが，人間の学習の本質です。

主体と対象の間に，制御作用や計測結果をやり取りする信号路を考えます。実際の信号路と対象にはさまざまな擾乱が入ります。機械がこれらの不確実性に対処し，人間の学習を支援することが望まれます。学習の背後には，注意，やる気などの人間的要素があり，その進行に大きく影響します（**図 2.12**）。

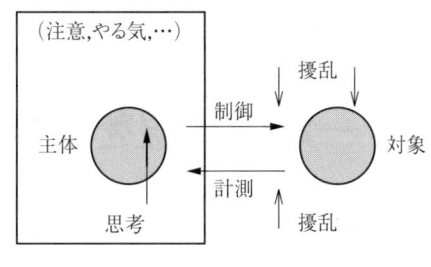

図 2.12 ま と め

3 一定の状態を保つ

3.1 自動制御の技術

　制御とは「対象を自分の望む状態に誘導する」ことです。「望ましい状態に誘導」と言ってもいろいろあるでしょうが，簡単なのは「状態を一定に保つ」ことでしょう。実際，それは日常生活でよく起きることです。じっと座っていると気持ちが落ち着きます。生活や政治，経済には不満もありますが，「明日もだいたい同じであってほしい」と思います。

　機械の運転については，「自動制御」（サーボメカニズム）という考えが古くからありました。自動制御の目的は，望ましい「一定の状態を保つ」ことです。飛行機は風を受けると飛ぶ方向が変わります。しかし自動制御技術では，地上からの電波や自分の慣性計測システムを利用して，自分の方向がどれだけずれたかを知り，ずれを修正してまっすぐ目的地に向かって飛びます（**図3.1**）。対象の状態や動作を一定に保つ技術が自動制御で，「古典的制御」と言います。

　生物にも社会にも，一定の状態を維持するためのいろいろな仕組みが備えられています。私達の体は，温度が高いと汗を出して蒸発熱を放散し，温度が低い

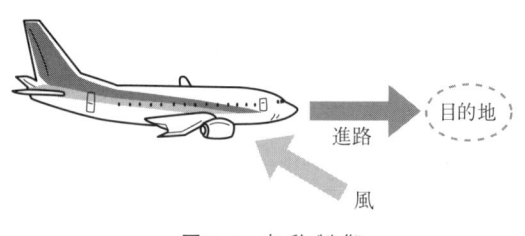

図 3.1　自 動 制 御

と体を震わし筋肉から熱を発生させて，体温を一定に保とうとします。汗が多く出たり，逆に余分な水を飲んだりして水分の出入りがあると，のどが渇いて水を飲み，あるいは尿が多く出て，水分のバランスを回復しようとします。

野菜や肉が多く出荷されて店頭での値段が安くなると，消費者は多く買うようになり，生産者側は出荷を少なくして，値段が高いほうに戻ります。いろいろなところに，量や数値を一定に保とうとする仕組みがあります。これは古典的制御のメカニズムです。

3.2 古典的制御の仕組み

古典的制御の目的は，対象を一定の状態に保つことです。合金工場を考えます。数種類の金属材料を炉に入れて融解し，型に注ぎこんで製品を作ります。よい製品を作るには，ただ材料を融解して混ぜ合わせるのでなく，細かな注意が必要です。しかし第一に重要なのは，炉中の材料を望ましい一定温度に保つことです。

図3.2が古典的制御の基本図式です。対象の状態を数値（変数と言います）で表し，その望ましい値（目標値，標準値）を設定します。いま変数は炉の温度で，目標値を900度とします。制御者は人間でも機械でもよいのですが，変数が目標値に近づくように，つぎの努力をします。

図の制御器は燃料を使って炉を加熱します。温度を下げたいときは，加熱を止めて自然冷却にします。計測器は炉温を計測します（a）。例えば炉温が800

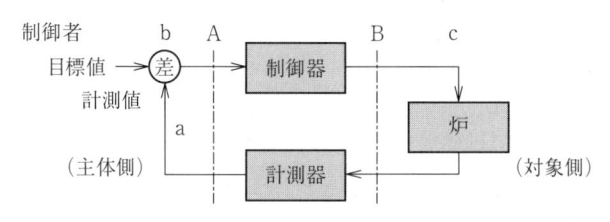

図3.2 古典的制御の基本図式

度だとします。制御者は計測値と目標値を比較して（引き算して），どちらが大きいか調べます(b)。その結果を制御器に伝えますと，制御器は炉温が目標値に近づくように，炉を加熱あるいは冷却します(c)。最終的には，炉温が目標値とほとんど同じになって落ち着くでしょう。

　制御の立場から見ると，図3.2の一点鎖線Aの左側が主体，右側が対象と考えられますが，Bの左右を考えても話は同様です。どちらにしても作用と結果が主体と対象の間でやり取りされ，制御と計測の基本図式（**図3.3**，図2.3再掲）の形になります。つまり古典的制御とは，制御と計測の基本図式の中で，変数を目標値に近づけるための動作を，引き算（比較）として規定したものです。

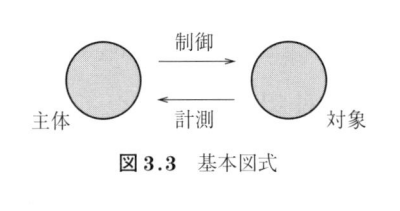

図3.3　基本図式

　もし図3.2のような仕組みを使わずに，ただ制御器が炉を加熱するだけだとどうでしょうか。気温，燃料，材料などすべての条件が厳密に一定に保たれるのなら，炉温がちょうど目標値になるように，制御器の動作を精密に設定しておけばよいはずです。

　しかし実際には，燃料も材料もいくらか条件が変わるでしょう。そうすると炉温は目標値からずれてしまいます。このとき図3.2の仕組みを用意しておけば，条件が変化しても炉温はほとんど変わりません。この問題については，付録A.2に簡単な数学の説明があります。

3.3　フィードバック

　図3.4は，図3.2の炉温の制御を描き直したものです。主体は人間です。人間は計測結果を見て目標値と比較し，制御器のダイアルを回して，炉温を調節します。これを人間の立場から見ると，つぎのようになります。

　人間が制御器に作用すると，その影響が制御器，炉，計測器を通り，結果として戻ってきます。信号が「一回りして戻ってくる」ことを，フィードバック

3.3 フィードバック

（帰還）と言います。フィードバックは，いろいろな場合によく見られる現象です。

自分の指をある目標まで動かします（**図3.5**）。普通はあまり考えずに指を動かしますが，細かく言うとつぎのようになります。目で指の位置を見て，指が目標のどちら側にずれているのかを知ります。そしてずれを修正する信号が指に送られ，指が動きます。このような判断と制御が滑らかに繰り返されて，指が目標点に到達します。修正信号による作用と観察による計測が一巡し，フィードバックになっています（本当はもう少し複雑です）。

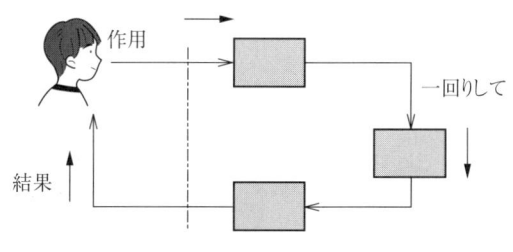

図3.4 フィードバック

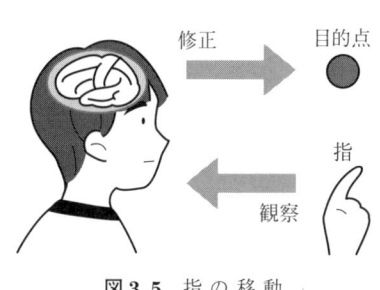

図3.5 指の移動

学校のテストでは（**図3.6**），先生が問題を出すと生徒から答案が帰ってきます（A）。生徒が答案を出すと先生から採点結果が帰ってきます（B）。どちらの立場から言ってもフィードバックです。

ところで，フィードバックによって主体は対象についての知識を獲得します。図Aの先生は答案を見て，生徒の能力や「やる気」を知ります。図Bの

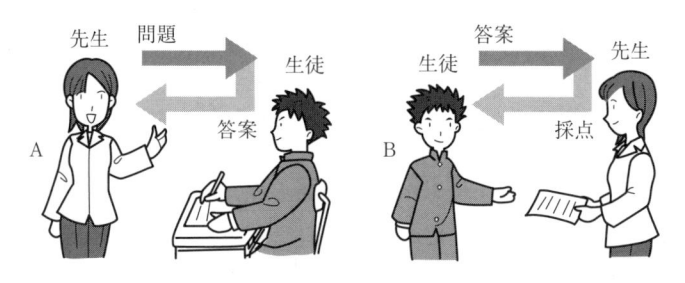

図3.6 先生と生徒

生徒は採点結果を見て，先生が自分になにを指摘したいかを知ります。制御と計測の基本図式のとおりですが，フィードバックは対象を通って戻ってくるのですから，一回りしながら対象についての情報を持って帰ってきます。フィードバックは，主体が対象に「働きかける」ことから始まり，主体には対象についての知識を持ち帰るものです。

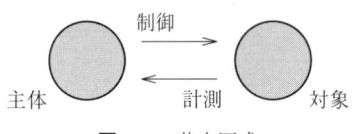

図 3.7 基本図式

制御と計測の基本図式（**図 3.7**，図2.3 再掲）は，つぎのように解釈することができます。

主体 ⇒ 制御路 ⇒ 対象 ⇒ 計測路 ⇒ 主体

つまり制御・計測の基本図式はフィードバックなのです。つぎのようにも書きます。

働きかけ ⇒ （フィードバック） ⇒ 知識の獲得

3.4　ネガティブフィードバック

図 3.2 の炉温の制御を，もう一度考えます。炉温が目標値より高いと制御者は温度を下げ，低ければ上げるように制御器を操作します（**図3.8**）。つまり計測値が目標値からどちらにずれているかを見て，ずれと逆向きに作用を加えます。「目標値からのずれと逆向きに作用を加える」という意味で，この動作をネガティブフィードバックと言います。

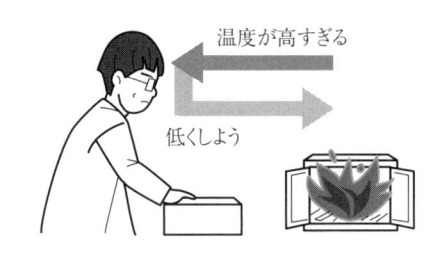

図 3.8　ネガティブフィードバック

もし上のようにずれの逆向きでなく，同じ向きに作用したらどうなるでしょ

うか。炉温が高すぎると，制御者はなお温度を上げます。するとさらに炉温が高くなり，制御者はまた温度を上げます。どこかで収まればよいのですが，条件によっては炉温がどこまでも高くなり，「暴走」状態になる危険があります。例えば二人が口喧嘩をして，それぞれが相手の悪口を2倍にして言い返したら，たちまち激しいことになります。

世の中を「穏やかに，だいたい一定の状態に」保ちたいとき[†]，ネガティブフィードバックは大事です。野菜の値段が異常に高くなると，行政はそれを低く抑えようとします。会社で仕事の結果を見て，「やりすぎた，少し控えよう」とか，「努力が足りない，がんばろう」と考えます。これらはネガティブフィードバックです。

3.5 生物と工学理論

機械システムと生物の振る舞いを比べると，いろいろ似た点があります。そこで工学理論と生物を比較すれば役に立つはずだという考えになります（図3.9）。例えば図3.2の炉温調節のメカニズムを生体の体温調節になぞらえて，人体の定数を当てはめて解析をすると（本当はもっと細かく検討しないと役に立ちませんが）エアコンや服の設計に応用できるでしょう。

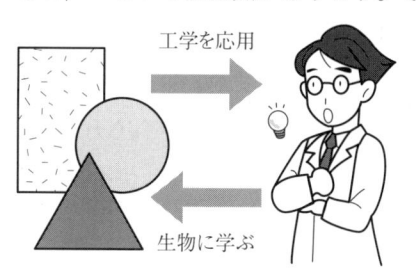

図3.9 生物と工学

また生物がいろいろな面で人工機械よりも優れていることを認め，生物の原理を機械に当てはめて，「工学は生物に学び，新しい機械を開発しよう」という考えがあります。

昔から科学者は，「鳥のように空を飛び」，「魚のように水の中を泳ぎたい」

[†] 「安定」とも言います。しかし「安定」には，他にもいろいろな定義があります。

と夢を抱き，生物を模倣しようとしていろいろな機械を発明しました。機械ができてみると，飛行機は鳥と違うし，船は魚と違います（図 3.10）。しかし夢から出発したことは正しいと思います。

図 3.10 魚の尾はスクリューと違うし，飛行機の翼は羽ばたきません。それでも…

「生物を模倣する」気持ちは現在でも同じで，「脳と同じコンピュータ」，「ミクロの決死隊」など，生物由来のロマンが研究者の意欲を駆り立てています。研究者の気持ちは理解できますが，勉強しないで表面だけの真似や言葉で自己満足しているのでは，あまり感心できません。

制御理論を生物と比べると，やはり共通点があります。制御の立場から生物を眺めることによって，生物についての理解が深まり，工学には新しい発展があると期待されます。第2次大戦後まもなく，そのような考えから「サイバネティクス」という言葉が作られ，「制御の立場から生物の原理を考えよう」という提案がされました。「サイバー」は，ギリシャ語で「舵を取る」ことを意味し，「制御」そのものです[†1]。

少し後に，「バイオニクス」という言葉も作られました。「ビオン」はギリシャ語で「生命の単位・原理」を意味します[†2]。それに「技術」を意味する「イクス」が付いたもので，「生物の原理を工学に応用する」という意味です。

[†1] 情報化社会という意味で「サイバー社会」と言うことがありますが，「サイバネティクス」は，本来は「情報化」を意味する言葉ではありません。
[†2] 生物学（biology）などの語源です。

3.6 ホメオスタシス

生物には，自分の状態を一定に保つ根強い性質があります。生体では体温や水分だけでなく，血圧，物質濃度などさまざまな量が環境や食物の影響によって変化します。しかし生きるためには，それらの量をほぼ一定に維持しなければなりません。

生物には，外部から擾乱を受けても，それに乱されず大事な量を一定に維持しようとする仕組みが備わっています。これを生体の基本原理だと考えて，「ホメオスタシス」と言います（図3.11）（もっともご馳走を前にして，食べるのを抑えるのは容易ではありません。私達の食生活が豊かになったのはごく最近なので，食欲を抑える仕組みがまだできていないのでしょう）。

図3.11 ホメオスタシス

3.7 生体の総合的な動作

体温の調節では，気温が高いと汗が出て体を冷やし，低いと体を震わせて熱を発生させます。つまりはっきりしたネガティブフィードバックの仕組みがあります。しかし生物は，体全体が協力して総合的調節をする場合もあります。

私たちは，疲れたときには休養をとって体力を回復します。しかし体のなにかを測れば疲労の程度や体力がわかり，その量を制御すれば体力が回復するなどということはありません。

椅子から立ち上がると手足と心臓の高さの関係が変わり，重力の影響で血圧が変わり，体中の血液の循環と分布が変わります。立つ度に貧血やしびれが起きては困りますから，体の各部がそれぞれ自分で循環を調節します。どこかに

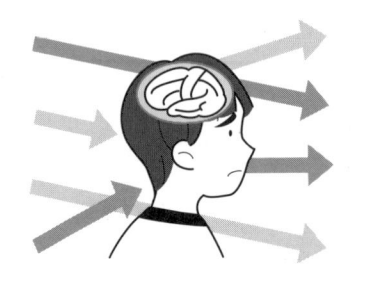

図 3.12 複雑な制御路

司令部があって各部に細かな調節指令を出しているのではありません。生物の体内では，非常に多くの制御機構が独立しあるいは協力して，動作しています（**図 3.12**）。

はっきりした司令部が存在しないことは，生物ではよくあります。古典的制御の図式（図 3.2）を生体の体温調節機構に当てはめますと，主体は脳，対象は体温で，発汗，震え，…などの制御器，脳内の血液温度計測器など，制御と計測の要素はだいたいそろっています。確かに古典的制御が行われています。

しかしわからないこともあります。体温は 36 度付近の一定値に調整されていますが，目標値（標準値）はどこにあるのでしょうか？ 計測値と目標値の引き算は，どこがするのでしょうか？（**図 3.13**）。特別な神経細胞があって，標準値を持ち引き算をするなどとは考えられません。酵素の活性やたくさんの生化学反応が温度によって変わるなどの現象が総合されて，体全体としての温度の目標値が決められているのでしょう。

図 3.13 目標値はどこに？

古典的制御の図式がそのままの形で生体の中に存在すると考えるのは浅はかです。しかし機能だけを概念的に考えるのであれば，古典的制御理論は役に立ちます。ただ「一定値を保つことが生命の本質か」という疑問は残るでしょう。

3.8 記憶とイメージ

スポーツ選手が，鏡で自分を見ながら練習をしています。そばでコーチが模範演技を見せ，選手はまねをします。ここまでは古典的制御のとおりで，鏡が計測器，コーチが目標値です。しかしコーチも忙しいので，そのうちどこかへ

行ってしまいます。

　図3.2で目標値が消えると，システムは正しく動作しません。スポーツ選手もコーチがいなくなると困りますが，「この場合コーチはどうしたかな？」と思い出し，鏡に映った自分の姿と比較します。

　学校では，なにかあると学生は先生に教えてもらいますが，卒業すると先生はそばにいません。問題に出会うと，「このとき先生はどうした（どうする）かな」と，記憶や想像に頼って行動します。つまり重要な事項を記憶しておき，必要なときに再生し，目標値として利用します（**図 3.14**）。

　目標値を記憶するときには，文章や数字としてではなく，状況そのものや光景の要点だけを「イメージ」として記憶しています。意識してイメージを記憶し再生しようとすると，正確にはできないかもしれませんが，日常生活でごく普通に行われています。

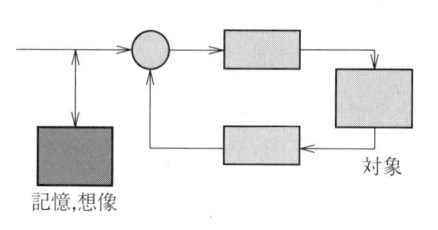

図 3.14　重要なことの記憶

3.9　この章のまとめ

　古典的制御は，対象の状態を一定に保つ制御です。機械の自動制御に応用され，生物ではホメオスタシスとなります。ネガティブフィードバックがその本質です。古典的制御は，そのままの形で生物の中に存在するとはかぎりませんが，機能だけに着目して生物の行動を解釈し，また実際問題に応用すると役に立ちます。人間の制御では，記憶の役割が大事です（**図 3.15**）。

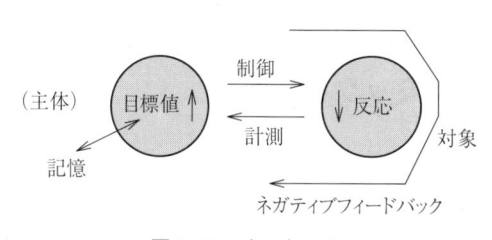

図 3.15　ま　と　め

4 より柔軟な制御

4.1 一定だけでよいのか

　古典的制御では，対象の状態を目標値に近づけます。システムが正しく設計されていれば，状態が少しくらい乱れても，時間が経てば目標値に近づくでしょう。しかし「いずれ目標値に近づく」だけでよいでしょうか。目標にまっすぐ近づくのか，回り道をするのかなど考えるべきことがあります。

　野球の盗塁で，「いずれ二塁に到着する」では話になりません。いつ到着するかが問題です。また到着しても，オーバーランでアウトになってはいけません（図 4.1）。目的地に到達するまでの経過が大事です。

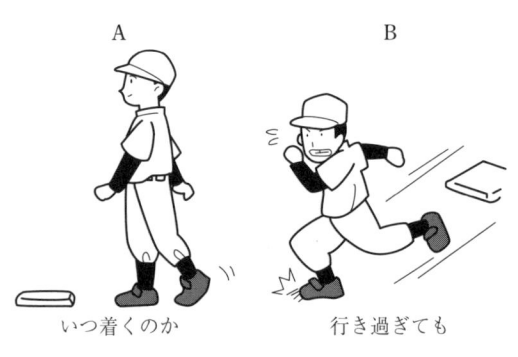

A　いつ着くのか　　B　行き過ぎても

図 4.1　経 過 が 大 事

4.2　ダイナミックな制御

　炉で金属材料を融かして合金製品を作るときも，途中の経過は大事です。金属材料を炉に入れたときは低温です。それを加熱して目標の温度に近づけます。精密な製造工程だと，温度上昇の速さを指定し，ある温度は急いで通過す

るなど細かな要求があります。そのように温度を上げる方法を考えなければなりません。材料や燃料の条件が変わり，あるいは故障など予想外のことが起きても，対象の状況を把握したうえで，急いで加熱方法を修正しなければなりません。これはダイナミックな制御と言えます。

　生物が生きていくとき，敵，えさ，気候などの生活環境は，こちらの意思と関係なく変化します。敵がいれば慎重に行動し，えさが少ないと急いで取りに行かなければなりません（**図4.2**）。最終の目的は「生き延びる」ことでしょうが，えさが先か，逃げるか，天気がよくなるのを待つかなど，素早く方針を決めなければなりません。いずれ我が家に帰るにしても，途中でどのように行動するかは生死にかかわる大事なことです。

図4.2 環境の変化

　学習や訓練でも，完成するまでの途中経過は大事です。「とにかくやってみる」ことも確かに大事で，昔の弟子や丁稚の修行では，失敗に失敗を重ねて知識を獲得しました。失敗することは，とても大事な経験です。しかし厳しい生存競争の中で失敗を繰り返すのは，危険が多すぎます。適当に苦労することも大事ですが，できるだけ安全に速く学習を完成させるべきです。

　先生と生徒の場合，先生が目標を設定し「これだけは理解しなさい」というのが古典的制御です。しかし，実際には先生は答案を見て，「理解が速い。ここは飛ばして先へ行こう」とか，「ここが弱いから足踏みして復習しよう」な

どと判断して，つぎの学習を計画します（図4.3）。

このように実際問題では，ただ目標に到達するだけでなく，主体，対象や環境の条件を考えて目標までの経路をダイナミックに設定し，調整しながら作用をすることが必要になります。このようなきめ細かい制御を，近代的制御と言います。

図4.3 先生と生徒

4.3 目的地への経路

以下の議論では，目標状態がすでに決まっており，対象の状態をそこへ近づけることが目的だとします。主体が対象に作用するときには，「どう作用すれば状態がどう変わるか」についての知識が要ります。そのうえで現在の状態が把握できれば，「ここでどう作用するか」を計画します（図4.4A）。

図4.4 対象についての知識

実際には知識がなくても，「やっているうちにわかってくるさ」とか，「いろいろやってみて知識を蓄えよう」など，さまざまな考え方があるでしょう（図B）。しかし図Aのやり方が正攻法です。

飛行機の場合に例えてみます。「現在点」と「目標点」が与えられたとして，目標点に到達する経路はいろいろあります（図4.5）。その中でどれが一

番よいかを決めなければなりません。「できるだけ速く」とか「燃料を少なく」とか，いろいろな決め方があるでしょう。経路が決まれば，つぎはそう飛ぶようにエンジンや舵を操作する問題になります。

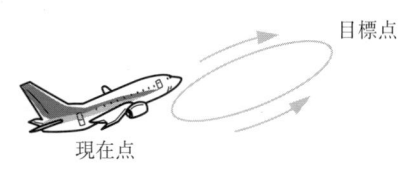

図 4.5　いろいろな経路

4.4　対象の状態と作用

近代的制御では，まず対象の状態を正確に表現することが必要です。つぎに「どう作用すれば状態がどう変わるか」を表現することが必要です。盗塁するランナーの簡単な表現として，図 4.6 のように小さな球が直線上を移動するとします。球の位置が制御の対象です。しかし球の位置だけでは，球がどう動いているかがわかりません。運動の状況を表現するには，少なくとも位置と速度が必要です。

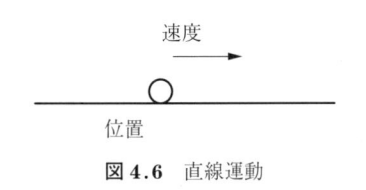

図 4.6　直線運動

これが人間のランナーだったら，位置と速度以外にも，腕や足の動きなど細かいことが問題でしょう。しかし簡単のために，球の状態がその位置と速度で表現できるとします。対象の状態を表す数値を，状態変数と言います。この場合の状態変数は位置と速度です。状態変数は複数であってもよいのです。

対象の状態が規定できたら，つぎには状態の変化を表現します。上のような物理学の問題であれば，「どう力を加えるとどう運動するか」を方程式で表すことができ，方程式を解けばどう運動するかが決まり，少し先の状態が決まります。

先生が学生を教える場面だと，簡単な数学で扱うことはできません。しかし基本的な考え方は同じです。学生の学力，体調などいろいろな条件が授業の進行に関係しますが，要するに対象に状態があり，作用を加えれば状態が変化す

球の運動に戻ります。対象の状態変数は位置と速度です。横軸に位置，縦軸に速度をとって状態を平面上の点で表現します（**図 4.7**）。この平面を状態平面（一般には状態空間）と言います。状態平面上に1点（状態点）を取ると，対象の状態が決まります。

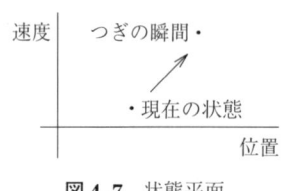

図 4.7 状態平面

図 4.7 のように現在の状態点が与えられています。ここで作用を加えると，微小時間後のつぎの状態点が決まります。それを新たな現在点として同じことを繰り返します。このようにして得られた微小な変化をつなぐと，状態点は一つの曲線に沿って移動することがわかります。これが経路です。望ましい経路を決めたとき，それに沿って状態が目標点に到達するように，うまく作用を与えなければなりません。

4.5 どの経路がよいのか

古典的制御では主体が計測値と目標値の引き算をしますが，近代的制御では計測値を引き算すると決めているのではなく，主体が自分の判断や論理に基づいて対象への作用を決めます。近代的制御では，主体にその自由度と能力が必要です（**図 4.8**）。

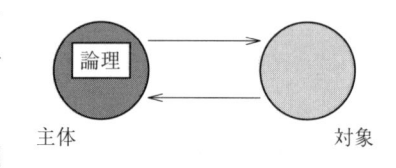

図 4.8 近代的制御

状態平面上で出発点と目標点が与えられると，いく通りもの経路が可能です。作用の与え方しだいで経路は変わります。盗塁ならランナーはできるだけ速く走りますが，オーバーランでアウトになってはいけません。オーバーランしても，手がベースから離れなければよいのです（**図 4.9**）。アウトにならない範囲で，できるだけ速く走るべきでしょう。

目標に到達する経路がいくつもあるときには，その中でどれが一番よいか

（最適か）を決めなければなりません。そのためには評価基準が必要です。盗塁なら「アウトにならないようにできるだけ速く」走るべきですし，炉なら「よりよい製品ができるように」すべきです。土木作業や物資輸送なら，作業期間を短く，消費エネルギーを少なく，あるいは利益を最大にするなど，常識的な評価量（評価関数）を設定できます。

図 4.9 オーバーランしても…

評価量が最大（あるいは最小）になるようなシステム設計を，最適設計，最適化と言います。実際の設計で多数の経路を想定し，それぞれについて評価量を計算するのはたいへんなことですが，工業システムの設計ではそのようにしています。

4.6 逆方向問題

目標点までの経路が決まれば，状態がそう移動するように作用を与えなければなりません。学校の場合だと，学習目標が指定され，授業時間ごとの進度が指定されたら，「それではどう教えるか」という問題になります。

世の中の普通にある問題は，まず現在の状況が設定され，つぎに作用を想定して，「こう作用したら状態はどう変わるか」という問題です。理科の実験では，「この装置にこう力を加えるとこうなりました」というように，「原因から結果へ」と物事が進む順序に従って考えます。これを順方向問題と言います。

しかし近代的制御では，経路に沿って現在の状態点とつぎの瞬間の状態点が指定され，対象がそう移動するように作用を与えなければなりません。この問題では，「結果が指定されて原因を求める」ことになり，順方向問題とは逆の向きに問題を考えますので，逆方向問題と言います（**図 4.10**）。ゴルフの場合だと，球を打ってみて「こう打てばこう飛ぶ」というのが順方向問題で，「あそこへ飛ばすにはどう打てばよいか」が，逆方向問題です。近代的制御では，主体には逆方向問題を解く能力が必要です。

	原因			結果
A	順方向問題	こうしたら	→	「どうなる？」
B	逆方向問題	「どうすれば？」	→	こうするには

図 4.10　順方向問題と逆方向問題

微小時間ごとに逆方向問題を解くと，それぞれに必要な作用が決まります。それをつないで作用すれば，状態は望ましい経路に沿って移動します。

4.7　状態の遷移と安定性

状態平面上で状態点がどう動くかが，対象の振る舞いそのものです。図4.7のように平面上の多数場所に現在の状態点を仮定し，それぞれについてつぎの瞬間に状態がどこへ行くかを調べて，矢印を描きます。この図を位相平面と言います。

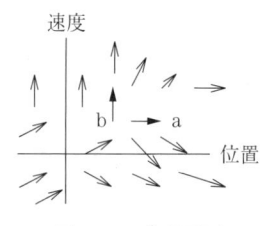

図 4.11　位相平面

位相平面を描くためには，作用を指定しなければなりません。球の運動で力が加わらないとすると，球は同じ速度で運動を続け，位置だけが変わりますから，矢印は図のaのようになります。球をバットで打ったときのように衝撃力が加わると，位置はほとんど変わらずに速度が変わりますから，矢印は図のbのようになります。

加える作用を設定したうえで**図 4.11**のような位相平面を描くと，対象の振る舞い（状態の遷移）が一目瞭然になります。簡単のために作用がゼロ，あるいは一定値と設定することがよくあります。

位相平面が描けたところで，それが地形図で，スキーの下手な人がいると想

像して下さい．この人はただ傾斜に沿って（つまり矢印に従って）滑り下りるしかありません．地形が図 4.12A のようになっていると，R はすり鉢の底で，この人はどこから滑り始めても R に落ちてきます．図 B だと R は山頂で，じっとしていれば理論上は止まっていられるはずですが，少しでも動くとたまたまスキーが向いた方向に滑り落ちます．

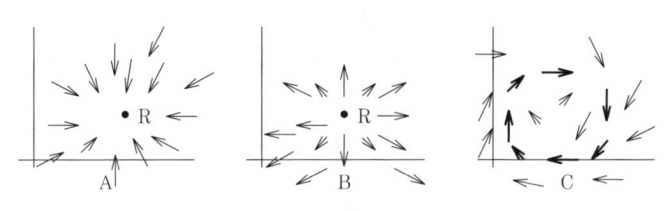

図 4.12 さまざまな状態平面

　少しの擾乱を受けても同じ状態に戻る性質を「安定」，少し擾乱を受けると遠くへ行ってしまう性質を「不安定」と言います．図 A の R は安定点，図 B の R は不安定点です．

　図 C では，状態点がどこから出発しても，図の太線の矢印経路に入り，それを軌道として回り続け，状態は周期的な変化を繰り返します．また少し軌道を外れても，再び軌道に戻ってきます．この周期運動も，上とは別の意味で「安定」と言います．振り子の運動は安定な周期運動です．人間の生活は 24 時間の周期で安定に繰り返されます．

　人間や機械を含む複雑なシステムでは，安定性の問題がしばしば起きます．対象の状態を正確に把握し制御しようとすると，フィードバックが必要になり，そのためにシステムが不安定になることがあります．せっかく状態をある点に移動させて，そこにとどまっているはずだと思っていても，そこが不安定点だと，状態は勝手に遠くへ行ってしまうでしょう．また経路を決めてその上を移動するように設計しても，途中に不安定な状態があると，どこかへ外れていくかもしれません．

　安定性は，生体や社会が同じ状況を持続するために重要な条件です．人間関係にも安定・不安定があり，少し揺さぶっても変わらない関係，少しのもめご

とで壊れる関係があります。

図4.12Aの場合を考えてもわかるように，安定なシステムでは状態が少しずれたときに，ずれを減らすネガティブフィードバックが働いています。人間関係や社会現象でも，擾乱があったときに反省や修正，つまりネガティブフィードバックによって一定の状態が維持されます。

4.8 この章のまとめ

近代的制御では，対象を現在の状態から目標の状態へ誘導するだけでなく，途中の経過を考慮してダイナミックな制御を行います。主体は，対象の状態を把握し，どう作用すれば状態がどう変わるかについての知識を持たなければなりません。つぎに妥当と思われる評価基準を設定し，目標に到達する経路の中で最もよいものを選び，作用を設計します。主体にはそれだけの知識と能力が要求されます（**図 4.13**）。

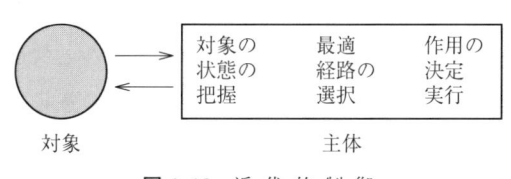

図 4.13 近代的制御

対象の状態とその変化を考察するためには，状態平面，あるいは位相平面を用いると便利です。実際のシステムでは安定性・不安定性がしばしば問題になります。システムが設計どおりの振る舞いをし，一定の状態を保つためには，安定性は望ましい性質です。

5

制御・計測・学習のできる範囲

5.1 制御可能性と計測可能性

　近代的制御では，主体にはいろいろすることがあります。対象の状態を把握し，一番よい経路を選び，対象がそう移動するように作用しなければなりません。やることがわかっても，それは実行可能なのかという問題が残ります。

　遠くから山を眺めただけで，あるいは「登山技術の教科書」を読んだだけで，「全部わかった。これで山に登れる」と思う人はいないでしょう。知識や実行力などいろいろな問題があります。教育の場で先生は，どこまで生徒を知り指導できるでしょうか。

　主体，信号路，対象それぞれについて制御，計測，学習の限界があります。その中で対象についての限界が，考え方の基本になります。これについては近代制御理論が一つの答えを出します。それは制限された範囲の理論ですが，基本として役に立ちます。

　その理論によれば，対象には外部から制御できる部分とできない部分があります。また計測できる部分とできない部分があります。それらが制御可能（不可能），計測可能（不可能）という概念です[†]。制御可能性と計測可能性は，直接には関係がない概念ですから，2通りの分類を組み合わせて，対象（の状

[†] 計測可能（不可能）でなく，観測可能（不可能）とも言います。またこの分解は，ある数学的変換を通して対象が分解されるという意味で，必ずしもナイフで切るように物理的に四つの部分に分けられるという意味ではありません。

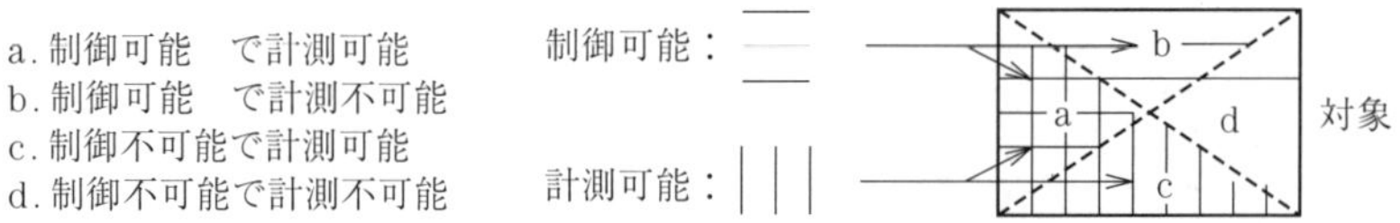

a. 制御可能　で計測可能
b. 制御可能　で計測不可能
c. 制御不可能で計測可能
d. 制御不可能で計測不可能

制御可能：
計測可能：

図 5.1 制御可能性と計測可能性

態）はつぎの四つの部分に分かれます（**図 5.1**）。

aとbが制御可能部分で，「適切な作用」を加えれば，この部分のどの状態からどの状態へも移動できます。aとcが計測可能部分で，「詳しい観察をすれば」この部分の状態は完全に把握できます。

対象に擾乱があると，制御も計測も完全に確定したものでなく，「たいてい制御できる」といった確率的なことになります。当然a～dの区分は「ぼけた」ものになります。しかしそのときでも，図5.1の区分は考え方のうえで役に立ちます。

5.2　主体と信号路の問題

ここまでは対象についての区分です。主体や信号路の能力についてはなにも言っていません。対象が制御できる状態になっていても，主体や信号路に制御能力が足りなければ制御できません。また対象が計測できる状態でも，計測能力がなかったり，主体に理解力がなかったりでは，計測したことになりません。

「この作用を与えればよい」ことがわかっても，その作用を主体が信号路を通して対象に与えられるかどうかは，別の問題です。現実の人間や装置は，発生できる制御信号の大きさ，変化の速さ，持続時間など，いろいろな意味での制約があります。

制御路と計測路にも同様な制約があり，信号が正確に相手に届くかどうか，相手側が届いた信号を正しく受け取り，解釈できるかどうかは問題です。特に信号の受け手が人間である場合には，情報の受理能力に限界があります。

教室での先生と生徒はどちらも主体になれますが，先生は「大声を出せば生徒に話が届くのに」それが出ない，生徒は「先生がこちらを向いたら話すのに」向いてくれないなど，できるはずのことができない場合がしばしばあります。これらは主体や信号路の問題です（**図 5.2**）。

図 5.1 は本来対象についての性質ですが，この図がシステム全体についての制御可能性（不可能性），計測可能性（不可能性）を表現していると考えます。対象で元々制御不可能な部分は，主体や信号路がどうがんばっても制御できませんし，計測不可能な部分はどうしても計測できません。そして主体や信号路に制約があると，システム全体としての制御可能，計測可能な範囲は，さらに狭くなります。

小声の先生　　　　　　生徒

図 5.2　先生が悪い？

したい制御ができないとき，主体・信号路・対象の制約を分析すれば，システム設計を見直し，人間を支援する機械を提供できるでしょう。それがこの本の主張です。

5.3　学習するのは主体

主体は人間だとします。ここまでは，制御と計測ができるかどうかを考えてきました。しかしもう一つ大きな問題があります。それは主体に制御能力があっても，能力をいつどう使うかがわからなければ，ないのと同じだということです。先生が大声を出せても，「ここで大声を出すのだ」ということがわからなければ，声を出しません。主体の知識や学習の問題だと言えます。

主体に信号を送出・受理する能力があり，信号路の性能がよく，また対象に

5. 制御・計測・学習のできる範囲

擾乱が少なく，制御信号に正確に反応して計測信号を返してくれば，状況は簡単明りょうです。主体が制御信号を送ると，それに応じて対象の反応が返ってきます。何回か制御を試みる間に様子がわかり，主体は「こうすればこうなる」という法則性を理解します。

好奇心一杯の子供は，「とにかくやってみよう」，「うまくいった」を繰り返します。対象の制御可能・計測可能な部分を対象にし，信号路の質がよければ，ひとりでに知識と制御能力が獲得されます。これが「自然な形」の学習です（図 **5.3** A）。

主体　　制御可能・計測可能

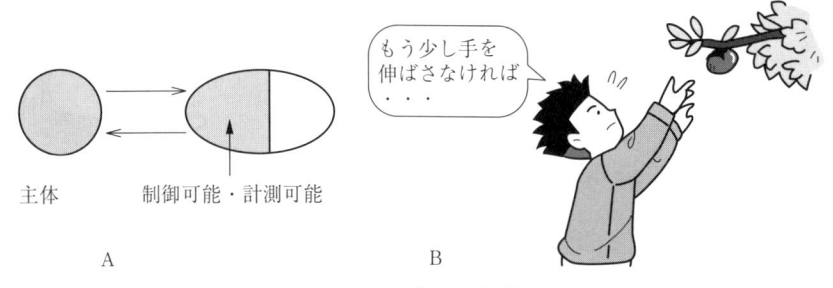

　　A　　　　　　　　　　　　　　B

もう少し手を伸ばさなければ・・・

図 **5.3**　自　然　な　学　習

しかし制御が複雑になり行動の選択肢が多くなると，条件がよくても順調に学習が進むとはかぎりません。図Bの場合，手を伸ばすことを学習すべきですが，「背伸びをするのだ」と思ってしまうと，大して高くまでは届かないでしょう。できるはずのことができずに学習は行き詰まりになります。

つまり制御能力があっても，行動を学習するときに選択肢があり，学習の方針や戦略を誤ると，能力を発揮できずに終わることになります。ただ戦略を始めから「背伸びをする」と決めていては，大したことはできません。学習では，経験に従って戦略を「背伸び」を「手を伸ばす」に変更するような「適切な柔軟さ」が望まれます。

そうなると適切な経験をするかどうかによって，学習が成功するかどうかが決まる場合も生じます。「よい先生に出会わなかったから私は能力が伸びなかったのだ」という人も出てきます。

制御可能性はシステム全体の構造の問題で，主体の能力が十分あるとして，「そもそも制御できるかどうか」の問題です。これに対して十分多数の経験をするとして，（どのような戦略から出発しても）「制御能力を獲得できるかどうか」を「学習可能性」と言ってよいでしょう。学習可能性は，人間あるいは学習機械の幅，能力を決める重要な側面です。

さらに実際の学習場面では，「学習が完成する・しない」だけでなく，学習を完成するまでの手間（経験数，失敗数，時間，…）や，費用（失敗の負担，完成に近づいたらどこで学習を打ち切るか，…），学習ができないときにどのようなことが起きるか（どこかで循環？　壁で止まる？　とんでもないこと？…）といった問題があり，考えなければなりません。

5.4　制御能力が獲得されるまで

以上のように目的の制御能力が獲得されるかどうかについて，対象，信号路，主体の特性しだいでさまざまな状況が生じます。大別すると，つぎのようになります（**図 5.4**）。

a.　状況がすべてよく，現状で制御ができる。

b.　現在は制御ができていないが，信号路が良好で主体の能力も高く，自然な形で経験を積めば制御ができるようになる。

a. そのまま制御可能　　b. 主体の自然な学習　　c. 戦略の変更

d. 信号路が不備　　e. 制御不可能部分

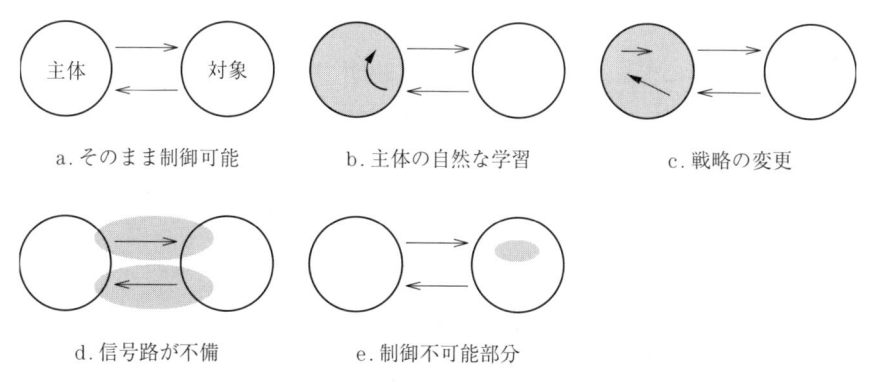

図 5.4　制御の難しさ

c. 学習をすれば制御できるようになるはずなのだが，主体の学習戦略が悪いために制御が完成に向かわない。主体が戦略を変えれば学習が達成できる。
d. 信号路あるいは主体の信号送受能力が不足なために，学習が進まない。機械や他人が補助して能力を補えば，制御が達成できる。
e. 対象の制御不可能状態を制御しようとしているので制御ができない。対象を改造すれば制御可能になるかもしれない。

さらに細かな分類ができるでしょう。このような分析をすれば，機械が人間をどう助ければよいかがいくらか明らかになるでしょう。

5.5 機械の支援

制御について条件が厳しくなると，機械器具や他人の助けが必要になります。また機械の支援なしで制御できる場合でも，機械を使えば制御や学習が円滑にできます。

まず主体の信号送受能力を含めて，制御と計測の信号路の能力が足りない場合があります。後で説明しますが，信号路は「情報という水」を運ぶパイプで，パイプの太さが足りないと入らない分は捨てられます。全部の情報を送るためには，別途に太いパイプを付けて信号路の伝送能力を高めなければなりません（**図 5.5**a）。

パイプに上手に水を注入し，上手に取り出すことも大事です。つまり主体（あるいは対象）と信号路の相性をよくする（整合させる）ことが必要です。機械が人間の信号授受能力を助けてもよいのです（図b）。

対象の制御不可能部分を制御しようと思っても，どうしてもできません。しかし対象自体を改造できる場合があります（図c）。ついでに計測可能にするとよいでしょう。

学習戦略について主体の思考能力を支援することは，大事ですが複雑な問題です。主体は戻ってきた計測信号がなにを意味するか解釈し，つぎに送出する

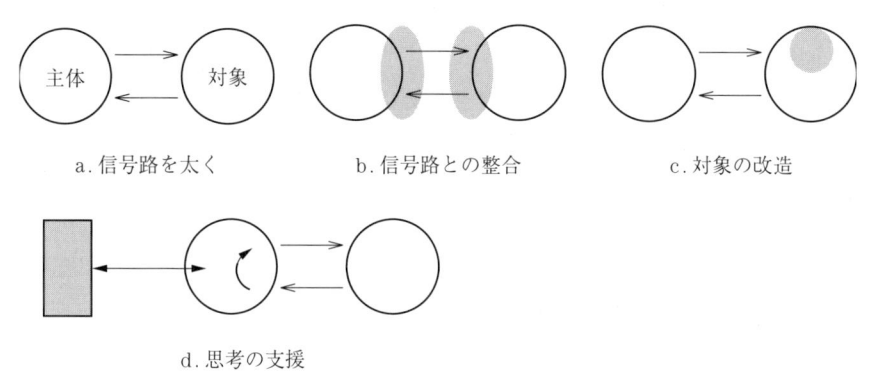

a. 信号路を太く　　　b. 信号路との整合　　　c. 対象の改造

d. 思考の支援

図 5.5 支 援 の 例

制御信号を設計します．そのときには過去の事例も考えに入れ，制御信号と計測結果の間に法則性を見つけなければなりません．人間はだいたい直観的ですが，機械は数理的で冷静です．基本的に違いますから，両者は助け合うべきものです．

機械が人間の後に控えて出しゃばらず，過去の事例を整理して検索し，人間の直観を裏から評価し支援すると，人間は心強いでしょう．機械の言い分がいつも正しいとはかぎりませんが，機械が提出する推論は人間の参考になります（図 d）．

主体の背後にいる機械は，人間と同じ目線で共同作業をし，人間を元気づけることができるでしょう．ここでは主体・支援機械・対象という三者の関係が新しく生じます．機械はいままでのような人間の付属物でなく，人間と同じ土俵の上で協力します．これからは機械と人間の関係について，機能だけでなく心理面を掘り下げることが重要です．

5.6 この章のまとめ

制御対象には，制御可能（不可能）部分と計測可能（不可能）部分があり，それらを組み合わせて対象は四つの部分に分かれます．主体や信号路の能力が

制限されると，制御可能，計測可能部分はさらに狭くなります。

主体に元々制御・計測能力があっても，その能力をどう使うかは主体の知識によって決まります。知識を獲得するためには，経験を積み学習をしなければなりません。学習が望ましい方向に進むかどうかは，主体の戦略の問題です（学習可能性）（**図 5.6**）。

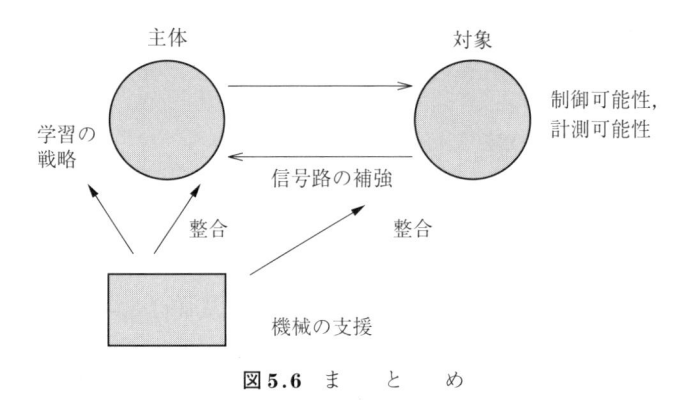

図 5.6 ま　と　め

試行と学習が望ましい方向に進むかどうかは，いくつかの場合に分けられます。機械はそれぞれの場合で人間を支援できます。主体，支援機械，対象の三者関係が生じ，機械はさらに密接に人間の思考に関与するようになります。人間と機械の関係を掘り下げる必要があります。

6

自然界と生物の最適性

6.1 最適な経路の選択

　近代的制御では，主体は出発点から目的点へ向かう最適な経路を選択しなければなりません（**図 6.1**）。人工の制御・計測システムの設計では，いくつかの経路候補を用意し，それらに対する評価基準を設定します。例えば物資輸送シスムでは，輸送時間最小，あるいは燃料最小などを評価基準とします。

　そしてそれぞれの候補経路について評価量を計算し，一番よい経路を選びます。そのような計算を実行するのはたいへんですが，考え方は単純です。もっとも交通渋滞や環境問題など，細かいことを考えると複雑になります。

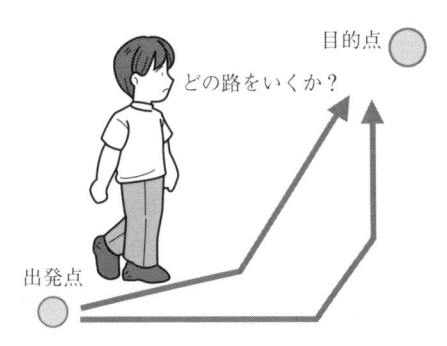

図 6.1　最適経路の選択

　物資輸送でなく，娯楽や芸術のような抽象的な問題になると，評価量は簡単には計算できません。しかし聴衆を楽しませ，あるいは感動を伝えることが目的であり，その評価量を最大にするという考え方の本質は同じです。彫刻家が自分の製作に満足したとき，それは彼の評価量が最大になったのです。評価量が複数存在してその間の妥協を図ることもありますが，考え方は同じです。

6.2 なんでも最適性？

人間と関係がない自然現象にも，最適性が潜んでいるように見えることがあります。**図 6.2** A では a に光源があり，そこから光が b に到達します。光は波として広がりますから，どこを通るかと言われても困ります。しかし図のように光を通さない障害物を置くと，a からの光は b に届きません。つまり光の伝搬は a から b に直進すると考えてもよいことがわかります。

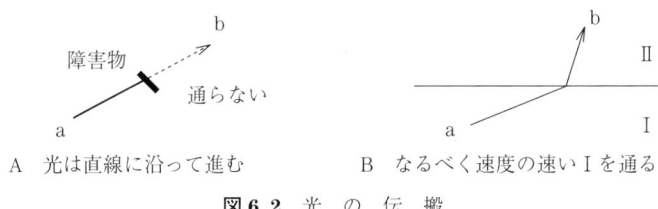

A　光は直線に沿って進む　　　　B　なるべく速度の速い I を通る

図 6.2　光　の　伝　搬

こんどは図 B のように 2 種類の媒質があり，光源 a は媒質 I，目的点 b は媒質 II にあるとします。光の速度は，媒質 I のほうが媒質 II より速いとします。A と同じように障害物をいろいろな場所に置いて光の進む道を調べると，光は図 B のように境界面まで直進し，それから向きを変えて b へ進むことがわかります。

これは光が曲がって進む屈折という現象です。屈折については物理学の法則があり，それによって計算をすると図 B の路が求まります。図のように光はなるべく速度の速い媒質 I を進んでから，媒質 II に入ります。屈折の法則に従って計算すると，a から b に行くいろいろな路の中で，光は最短時間で b に到達する路を選んで進んでいることがわかります。

つまり光には意思がないのに，「できるだけ早く目的地に到達しよう」と考えて進んでいるように見えます。あるいは神様が，「最短時間で目標に到達するように」光に命令し，光はその命令に従って進んでいるとも言えます。この他にも自然界には，最適性を原理だとして解釈できる現象が数多くあります。

人工システムの設計では，設計者は自分の考えで評価量を決め，それに基づいて最適な選択をし，システムを設計します。しかし光の場合には，時間を評価量としてそれを最小にすることが始めから決まっています。いったいだれが決めたのでしょうか？

「神様が」と言うと，私達の世界観に深い示唆を与えるように思えますが，実は驚くことではありません。数学的な技法としては，一つの現象が指定されると，それに対して適当な評価基準を設定し，「それを最大（あるいは最小）にするように現象が進行する」という解釈をすることが，ほとんどの場合可能なのです（**図 6.3**）。つまり「最適性」自体に深い意味はなく，たまたま時間のような簡単明りょうな物理量について最適性が成り立つことが，私たちに印象を与えるのです。

図 6.3 木の枝振りも最適性

6.3　生物の行動と評価基準

それでは生物の場合はどうでしょうか。私たちは日常生活の中で馬鹿げたこともしますが，だいたいは合理的な行動をしているようです。日常生活の中で私たちはよりよい結果を求めて行動しますが，それはなんらかの意味で最適化の努力をしていると言えます。

多くの問題で生物に最適性が見出されます。人間が姿勢を変えるとき，主要な筋の消費エネルギーが最小になるという解釈ができます。スポーツ選手が訓練を積むうちに，体形・筋・骨・運動神経までが，その競技に適した形に変わっていきます。多くの場面で，生物は無意識のうちに最適化を目指します。生物の最適性は，光の場合と同じように解釈だけの問題なのでしょうか。

すべての生物に共通な行動原理は，個体としてまた種として「生き延びる」

ことです.どのような生物も生命の危険を避けて行動し,えさを求め,種の保存を図ります.生きる楽しさ,仲間の死の悲しみ,子孫を残す喜びなど,生まれてから知ることもありますが,「生き延びる」努力は始めから遺伝情報として備わっています.それが基本的に生物の行動の評価関数です.

現在の文明社会で人間は,「生きるか死ぬか」の心配をせずに優雅な生活をしています.生活の中での願望は,「より強く」,「楽に生きる」,「将来に備えて」など,理屈をつければ「生き延びる」評価関数に由来しています.しかし直接の意識としては,評価基準はもはや「生き延びる」ではなく,グルメ欲,金欲,安全などの具体的な形に基準が置き換えられています.この点は後でまた議論します.

神様が人間のために最適化原理を用意するとすれば,一つ一つの場面で最適化を指示するのはたいへんです(**図 6.4**).始めの段階ですべての生物に共通な評価基準を遺伝情報として用意し,いちいち神様にお伺いをしなくても行動を決められるようにしたのでしょう.

図 6.4 いつも神のお告げ?

6.4 不確かな選択

生物は「生き延びよう」と思って行動しますが,具体的にどうすればよいかがわかっているとはかぎりません.遺伝情報はだれにでも通用する普遍的な原理だけですから,一つ一つの場面や環境に対してどう判断し行動するかは,入っていません.生まれた後で経験を積んで学習しなければなりません.ここで制御・計測・学習というサイクルが意味を持ちます.

私たちは,食べ物がいくつかあると好きなものを選び(**図 6.5**).仕事がい

6.4 不確かな選択

くつかあれば気に入ったものを選びます。よりよいものを求めるという姿勢は，最適化原理が働いていることを意味しますし，食事や職業の選択も，「栄養の高いものを」，「楽に高い収入を」という意味で，やはり「生きること」につながるでしょう。

図 6.5 食べ物を選ぶ

しかし普通私たちは，評価基準とか最適化などとほとんど考えずに不確かな選択をしています。実際食べ物を目の前にして「栄養価，値段，消化器の負担，後の労働，つぎの食事，…」などと考えても仕方ありませんし，私たちにはそれほどの知識がないのです。

なんらかの評価基準があるにせよ，生物の行動は人工システムの最適設計とはまったく違います。人工システムの設計者は，すべての選択肢について評価量を計算し，最適な選択をします。しかし生物が行動するときには，すべての選択肢について素早く評価量を計算し，最適なものを選ぶことなどできません。神様が最適な選択を告げて下さるのなら気楽ですが，それでは神様は忙しくてたいへんです。

個体としての生物は生まれた後で，成功・失敗をしながら行動法則を学習します。統計学によれば，法則を導くには「十分多数の事例」が必要です。しかし個体としてはそれほど多数の経験はしません。芸人が「一生修行だ」と言うのもその意味です。

つまり個体が獲得する行動様式は，あまり厳密ではなく，おおまかなものです。また評価量を計算しようとしても，相手の反応しだ

図 6.6 不確実な選択

いで結果が決まらないことがあります。

信号路に擾乱があると，経験はさらに不確実になります。人工システムの設計者から見ればはなはだ頼りない状況なのですが，生物はそのような不確実な知識に基づいて行動するのです（図 6.6）。

6.5 個体と種の最適化

生物は種としても最適化を目指します。生物の授業では，「高い木の葉を食べようとして麒麟の首が長くなった」と説明します。生物は生存の目的に沿って形や機能を修正してきたのだと，当然のことのように説明します（図 6.7）。確かに生物は，長い進化の歴史の中で最適化されてきたようです。

最適化の評価量は「生き延びること」で，それは個体の中に作り込まれています。種は個体の集団として個体の行動を反映します。

図 6.7 「高い木の葉を食べたくて」

与えられた環境の中で個体がさまざまな行動を試み，環境からは「生きるか死ぬか」の答えが返ってきます。つまり制御・計測の基本図式そのもので，個体は環境を対象として生きるか死ぬかの学習をしていると言えます。

しかし個体の経験は十分多数ではありませんし，行動や結果も確率的な偶然に支配されることもあるでしょう。早い時期に失敗して死んでしまうと，その後の経験を重ねることはできません。個体の行動は環境からの答えというよりもっと不確かなものです。

個体の努力の結果の平均として種の運命が決まるのだと一応考えられますが，事情はそれほど簡単ではありません。まず最適化のためには，さまざまな選択肢を用意する必要があります。個体は試行の結果を受け取るだけでよいの

ですが，種としてはさまざまな個体を用意し，その中から優れたものを選ぶメカニズムが必要です．それが遺伝子のかきまぜです．

原始的な生物は遺伝子をコピーして子孫を作りますが，それでは選択肢ができませんから，ときおり遺伝子転写を間違え，あるいは宇宙から放射線を受けて遺伝子を変化させます（突然変異）．高等生物では雌雄の結合があり，遺伝子がもっと激しくかきまぜられます．遺伝子があまり大きく変わると個体は生きていけませんが，少しだけ違うものは生きることができ，競争に加わります．元々の個体と変種の個体が生存競争をして，優れた生物が生き残ります．

生存競争は非常に忙しい選択です．個体は「生き延びる」ことを目的としながら不確実な行動をし，その結果の集積として優れた子孫を残します．つまり生存競争を通して遺伝子が選択され種が変化します．個体の最適化と種の最適化は空間的・時間的に非常に違う原理とスケールで並行して進みます．

「敵があそこ，えさはここ」といった知識は，個体としては重要ですが，種として共有する必要はありません．いっぽう「麒麟の首」のように種に共通の能力は，個体の都合で変えては困ります．二つの最適化は少しばかり異質であり，補い合うべきものです．そして生存競争が二つの過程を結合します．

個体の経験や知識は，種にとって大事な場合もあり，そうでない場合もあるでしょう．個体は種のためなどと考えずに勝手に行動し，種としては個体の細かなことに乱されず，多数の個体の経験を空間的・時間的に総合する形で，ゆっくりと進化していけばよいのです．

種の進化は，遺伝子のゆっくりした変化を通して，空間的・時間的な平均化作用が含まれています（**図 6.8**）．効率よく統計をとるためには要素が独立であることが望ましいのですから，個体が勝手に行動することにも少しは意味があるのかもしれません．

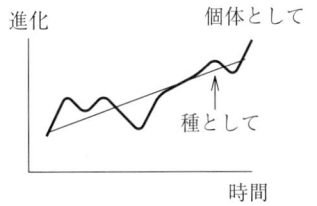

図 6.8 平均化

個別的・普遍的な二つのメカニズムが，違う空間的・時間的スケールで，緩く結合しつつ動作するという形は，生物の情報処理によく見られます．人工機

械の研究でも参考になることです。

　正しい平均をするためには，要素の数が多いほうがよいのですから，大勢が広い地域で競争し，その結果としての遺伝子がゆっくりと変化すればよいわけです。地球は十分広いし，歴史は長いのですから，その条件は満たされているように思えますが，個体が競争をして結果を出すのに時間がかかり，一方地球上に環境の変化がありますから，あまりゆっくり選択をしていると，進化と環境変化のペースが合わず，優れた生物を作ることができません。

　個体のライフサイクルや遺伝子の変化も，それを考えた速さになっているのでしょう。速さが環境の変化に合っていなければ今日の生物はなかったわけで，ある程度はラッキーであったのかもしれません。こう考えると生存競争は結構忙しい仕事で，よく考えて生物の体を合理的に作り直す余裕はなかったのだと思われます。実際生物の体の中には，進化の途中では役に立ったはずですが，いまでは不必要な部品がたくさんあります。

6.6　評価のすり替え

　なぜ「生存競争」が生物共通の評価基準になり，生物は懸命に生き残ろうとするのでしょうか。当たり前のようですが，考えるべき点であります。私たちの体を作っている細胞は，それぞれが一つの生命体であるかのように行動しますが，「死ぬべき段階」になると自分から死んでいきます。生きることへ未練など感じることができません。

　神様の立場になって考えてみると，地球上で多数の生物が「調和して，大きな混乱なく平和に生きていく」ことが理想なのでしょう。平和な地球を実現するためにいろいろな方策があるでしょうが，「周囲の生物と共存できるものを残そう」という考えが，「生存の原理」につながると考えても，あまり無理ではなさそうです。

　しかし神様が，調和して生きる生物を選ぶ手段として「生き延びること」を評価基準と決めたとき，生存競争は「選別の手段」ではなく，「目的」に変わ

るのです。これは選択や最適化の場面で普通に起きることです。

例えば優れた人を選ぶ手段として試験制度を用意した途端に，受験者の勉強目的は，有為な人材になることではなく，よい点数を稼ぐことに変わります（図 6.9）。機械を注文するときの仕様書，機械の合格・不合格を決める規格などでも，同じことが起きます。

「生存競争に生き残るのは，試験の点数稼ぎと同じではないか。本来の意義に戻って考えられないのか」と思う人も多いでしょう。宗教も哲学もこのことを論じてきました。しかし上のような「評価のすり替え」は，選択の仕組みを決めた途端につねに起きることです。

図 6.9 手段は目的に変わる

遺伝子から言うと，生存競争を選択の手段と決めたとき，遺伝子進化の目的は「生存競争に勝つ」ことになります。選択の手段は目的に変わり，「生き延びること」が生物にとって絶対の評価基準になります。「なぜ生きるのか」などと言う議論は意味を持ちません。生物はただ生き延び，優れた生存力を持つ子孫を残す努力をするだけになります。

「人はなぜ生きるのか」は宗教や哲学の命題ですが，「生存競争だけで人間社会は維持できるのか」という問題は深刻です。昔の社会では，個人の力に基づいて「食うか食われるか」の秩序を維持し，遺伝子を選択しました。しかし現在の社会では，敗者は生き延び，たまたま資金や武器を持つ人が勝ち残ります。これでは遺伝子の選択とは結び付きません。社会の仕組みとしての生存競争の原理は薄くなりましたが，生存競争の意識は人々から離れません。

6.7 この章のまとめ

近代的制御においては，評価基準を決め，いくつかの候補経路について評価量を計算し，それを最大（あるいは最小）にする経路を決定します。人工システムの設計では，これが基本的な方法です。多くの自然現象や生物の行動を，最適化原理によって解釈することができます。

しかし生物個体としては，経験が少なく，相手の行動は未知で，また信号路に擾乱があるなど，評価量を精密に計算し行動することはできません。行動原理はおおまかなものであり，成功・失敗を繰り返します（図 6.10）。

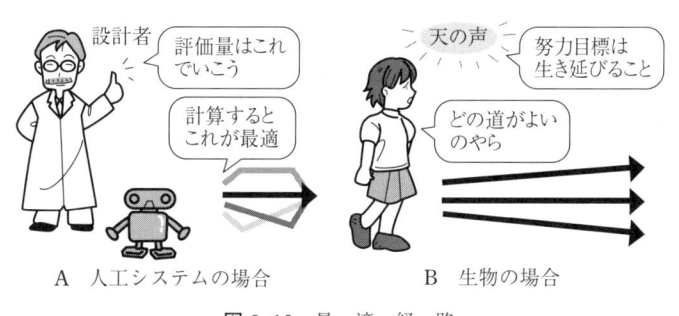

図 6.10　最　適　経　路

生物は「生き延びる」ことを共通の評価量として作られています。個体は理屈抜きで生き延びる努力をし，個々の経験は生存競争を通じて平均化され，種の進化に反映されます。個体の努力と種の進化は，空間的・時間的に非常に違うスケールを持ち，緩く結合しています。

7 進化のメカニズム

7.1 進化の基本要素

　生物が行動するとき，その評価基準は「生き延びる」ことです。個体の試行はさまざまな擾乱を受け，成功・失敗の法則性はそれほど確実ではありません。しかし多数の個体の努力が，生存競争を通して遺伝子に集約され，種を進化させます。したがって種，すなわち遺伝子としての評価関数も，「生き延びる」ことです。

　最適化のためには選択肢が必要で，そのためには遺伝子を少し変更することが必要です。遺伝子を大きく変えるとたいていは死んでしまいますが，少しの変化なら同じ種の生物になり，選択肢として競争に加わります。放射線や転写の間違いによる突然変異，雌雄遺伝子の結合などを通して遺伝子はかきまぜられ，競争への参加者を作ります（図7.1）。

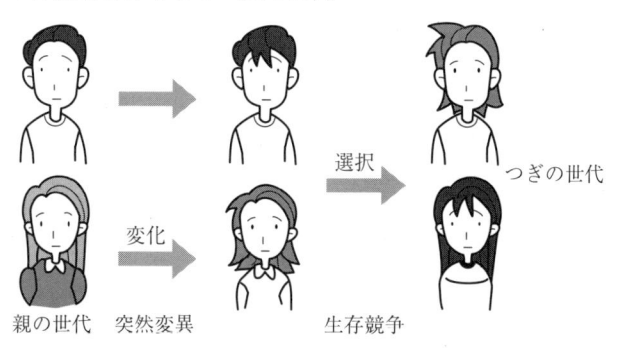

図7.1　進化の図式

7.2 遺伝的アルゴリズム

「遺伝と生存競争の仕組みを模倣すれば，優れた生物ができるはずだ」という考えから，コンピュータ上で進化を実行する仕組みが研究されており，「遺伝的アルゴリズム」と呼ばれています。

この方法では与えられた問題に対して，求めるべき最適解の構造を，1次元記号列で表現します。

例えば市街地の道路を運転するとき，どの経路を通って目的地に行くかという問題を考えます。いま交差点ごとの直進，右折，左折をそれぞれ記号a, b, cで表すと，運転の経路はa, b, cの記号列で表現されます（遺伝子配列，染色体と言います）。

```
a a c a c b a c b a
```
図7.2 染色体（遺伝子配列）

いま運転経路が図7.2のような10個のアルファベット列で表されるとします。最適な経路に対する条件が簡単なら，頭で考えるだけで答が出るでしょう。しかし条件が複雑で，「aの後三つ以内にbが現れ，全体のaとbの数はなるべく少なく，…」などと言われると，考えただけで最適解に到達することは容易ではありません。

そこでまず図7.2のような染色体を適当にある数だけ用意します。これは最初の祖先に相当します。つぎの世代を作るには，雌雄の親から子への遺伝子伝達を模倣して，二つの染色体の一部分を交換して染色体を作ります（交差，図7.3）。突然変異としては，どれかの記号を別の記号に変えます。これで子の世代ができました。親と子全部で生存競争をします。すなわち各個体について評価関数を計算し，上位のいくつかを残し，他は捨てます（選択）。

```
a a c a c | b a c b a
c a c b c | b b c a b

a a c a c | b b c a b
```
図7.3 交差

交差と突然変異によって子の世

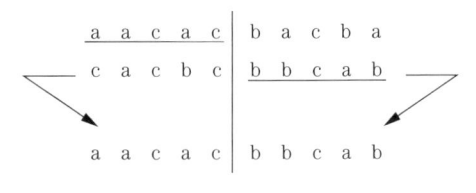

代を作り，親の世代に加え，選択をしてつぎの世代を作るという操作を続ければ，そのうちに最適解に到達すると期待されます。以上の操作は計算量が多いかもしれませんが，計算方法の記述（プログラム）は簡単です。この方法は，直接計算で最適解を求めることが困難な問題の場合に，人間はプログラムだけ書いて，後はパソコンに任せられるという利点があります。

7.3 生物の進化

　遺伝的アルゴリズムは，三つの基本操作（交差，突然変異，選択）によって，人工システムの最適化をすることが本来の目的です。しかしこの方法を生物の場合と比較してみると，考えなければならない問題があります。

　生物でも，三つの基本操作を中心にして進化が進行し，生存という評価基準の下での最適化に向かうことは同じです。この三つだけを使って生物の長い進化の歴史をパソコン上に再現し，時間軸を縮めて経過を観察できれば面白いでしょう。環境保全や動植物の保護についての参考資料が得られるでしょう。

　考え方はそれでよいとしても，地球上では基本操作以外にいろいろなことが起きています。わずかな気候の変化や隕石(いんせき)の衝突が，生物の生存関係に大きく影響します。逆にこのような出来事が生物にどう影響したかを調べるのも，興味あることです。

　遺伝的アルゴリズムでは，突然変異や交差が無作為（偶然）に行われるとしています。それは正しいでしょう。考えたうえで宇宙線に当たる生物はいませんし，雌雄の結合だってかなり偶然のことでしょう。しかしまったく無作為に遺伝子を変更し選択をするだけでは，無駄に捨てられる遺伝子が多くなり，最適化に向かって進化が進むのに時間がかかりすぎます。いくら地球の歴史が長くても，現在のように元気な多数の生物が出現するのは少し無理なように思われます。

　進化はごくゆっくりとした変化のように思われますが，時間軸は大事です。遺伝子は環境によって選択されますから，環境が変化すればいくらか遅れて変

化します。この遅れがあまり大きいと，環境の変化についていけないし，また早すぎると，個体の経験を平均化する作用が不十分になります。生物が地球上で繁栄できたのは，環境の変化速度と遺伝子の変化速度がたまたまうまく合ったためで，幸運だったとも言えるでしょう。

　進化は種にとっても壮大な学習です。遺伝子を変化させ，環境を対象にして生存競争を試み，結果は繁栄か絶滅かという厳しい形で返されます。これは制御・計測の基本図式そのものです。

　普通の学習では，主体は返ってきた結果を分析し，過去の経験を参考にしてよく考え，つぎの行動を計画します。主体の反省と思考は，学習の戦略を決める大事な過程です。しかしここまでのように簡単に進化の過程を考えると，主体には反省がありません。「適当にやっていれば，そのうちいいところに行くさ」という安易なやり方になっています。それは進化が特定の戦略に依存せず，公平な競争になるという意味があるのかもしれませんが，進化を回りくどく遅いものにします。

7.4　種の相互関係

　一つ一つの個体や種は，与えられた環境の中で生きる努力をし，答えを受け取ります。しかし地球上には多数の種が，たがいに影響し合いつつ生きています。えさや住み場所の取り合いなどの競争なら強いほうが勝つでしょうから，やはり単純な生存競争だと考えてもよいでしょう。

　しかしもっと複雑な相互関係があります。他の動物を守る代わりに自分の掃除をしてもらい，えさや残飯をいただいたり横取りしたり，他の親に卵を預けたりといった複雑な関係があります。細かいことを考えるときりがありません。

　はっきりした関係は食物連鎖です。種aは種bをえさとし，種bは種cをえさとする相互関係では，一つの種の繁栄・衰退が他の種の状況に影響されます（図 **7.4**A）。

　図Aで，種bが種cを命の綱のえさにしているとき，bが増えるとcは食べ

A　食物連鎖　　　　　　B　生存条件の循環

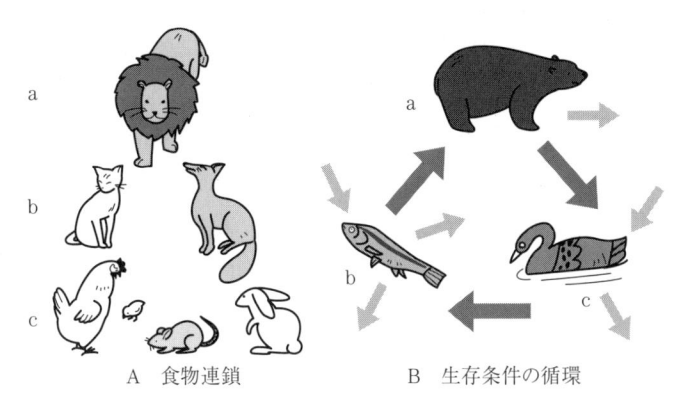

図 7.4　種の相互作用

られて減りますが，cが減るとbはえさが足りないために減るかもしれません。この種の危機は，比例関係のように滑らかに生じるのでなく，ある段階が来ると急に深刻になります。bは方針を転換して，別のものを食べ始めるかもしれません。

　このような場合には，種bと種cは相互に影響し合います。強いほうが弱いほうを食べるという一方的な関係ではありません。影響を図に描くと，図Bのように循環路ができることも珍しくありません。しかも世代交代やえさの枯渇といった時間遅れの後で影響が伝わりますから，複雑な伝搬現象を生じます。突然にある種が絶滅し，あるいは個体数に振動現象や不安定現象が生じる可能性があります。

　影響の循環は，一つの種の中でも生じます。森林が繁栄しすぎると日照などの生活環境が悪くなって個体数が減少し，今度は環境がよくなって繁栄に向かうという振動現象が観察されます。これも循環路と時間遅れのためです。

7.5　分散システム

　多数の種や個体は，えさや住み場所など生活を通して関係し合いますが，他の種の生活に「気配りをする」思いやりなどは，まったくありません。たまた

ま利益関係が一致したときに協力するだけです。

それぞれの個体の行動は，まったく勝手です．しかしすべての種が勝手に行動し影響し合うと，進化の方向を予測するのは困難です．

動物の群れでは，ボスが全体の状況を見渡し行動方針を決めます．しかし一般に生物は，えさ採りなどに協力することもありますが，普通は個体ごとかせいぜい家族単位くらいで勝手な活動をし，集団としての司令部が存在しないのが普通です（図7.5）。

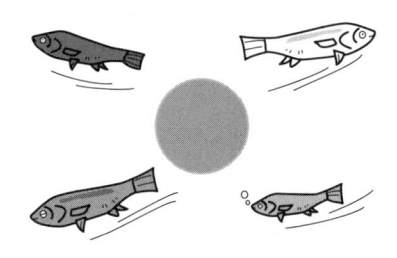

図7.5 司令部なしで

個体内の制御でも，司令部がはっきりしない場合がありますが，個体内部では調和が保たれています．しかし進化の過程での種の行動は，相互に影響はしても，調和を意識することはありません．生物界全体を見渡すのは，神様だけでしょう．

集団の中で各部分が独立に動作し，しかし全体としては一つの作業をするシステムを，分散システムと言います．人工分散システムでは，多数のコンピュータが独立に並行して，情報を交換しつつ仕事をします．そこには司令部や情報ネットワークなど，システム全体の進行を調整するための仕組みがあります．

生物界も分散システムですが，漠然とした相互作用の中で行動します．そこでは無駄が多く，落とし穴もあるでしょう．また多種多様な生物の進化を支える仕組みが潜んでいるのかもしれません．弱い魚が大群で泳ぎ回るときのように，集団ではなにも取り決めをしなくても，自然にリーダーが生じる現象があります．そのようなリーダーシップ現象が実際の進化に関係するのかどうか，掘り下げて検討する必要があるのでしょう．

7.6　スタックとご破算

与えられた環境条件の下で複数の選択肢があり，そのどれを選んでも当面は

7.6 スタックとご破算

生きていけることがあります。人生を振り返るといくつかの分岐点があって，「あのときこうしたらよかった」と思うことがありますが，どの道をとっても多分生きられたのでしょう。生物は十分よく調べてから最適な道を選ぶわけではありませんから，進化にも歴史とは違う多様な道の可能性があったはずです。しかし年月が経つとその道は行き止まりなのかもしれません。

単純な進化の原理の下では，選択肢に出会うごとに生物が多様化し，ついには最適からほど遠い道に入り込んで，収集がつかなくなるかもしれません。多様で奇妙な種が出現して，大して生きる努力もせずに生き延び，三すくみのように進化がどこかの段階で止まったり，好ましくない循環を繰り返したりするかもしれません。

パソコンでもスタック（フリーズ）といって，プログラムには特に大きな欠陥がないのに，あるところで進行が止まってしまうことがあります。生物界でも似た現象は起きるでしょう。人工システムでスタックや不安定現象が起きたときには，スイッチを入れ直す，つまり「ご破算」をして始めからやり直すのが最も簡単です。

生物界でスイッチを操作できるのは神様だけですが（ノアの箱舟），神様が行動を起こさなくても「ご破算」は起きます。大隕石の衝突，氷河期など気候の大変動，強い生物の出現などいろいろなことが起きるでしょう。ご破算が起きると種が整理されます。厳しい生き残り競争の後で，闘争力の強さ，環境への適応など，生存競争の原点に戻った厳しい選択がされます。過去に地球上で起きた大事件が，現在の生物界を形成するのにどのような意味があったのかを，模擬進化のソフト上で考察できれば面白いでしょう。

「特に悪くなければ生き残る」いまの平和な時代と，「特に強いものだけが生き残る」生存競争の時代では，選択の厳しさがまったく違います。二つの選択過程がどのように接続し，進化に影響するのかは問題です。掘り下げて考える必要があります。

7.7 局所的最適化と攪乱

　生物にはホメオスタシス，すなわち一定の状態を維持する性質があります。自分の状態がいったん最適化されれば，それを維持することは意味があるでしょう。しかし生物は，自分の周囲の狭い範囲しか見えません。ある状態が最適だといっても，それは自分の狭い視野の中のことです。その外側にもっとよい状態があるかもしれません。それを探すには，動き回るしかありません。理想郷を探す物語が昔からたくさんありますが，どの話でも，よい場所を探すために遠くへ旅をします。

　よくない言葉ですが，病気やけがのためにじっと生きるだけになった人を，「植物人間」と言うことがあります。確かに植物は一定の状態を保つように見えます。しかし植物も土の中に根を伸ばし，日当りのよい方向を向き，種子を遠くへ送って子孫を増やします。じっとしてはいません。動物はもっと活発に動きます。

　つまり生物はじっとしているのでなく，よりよい状態を探して積極的に行動します。それが「生きる」ことです。ここで生物は一定状態を保つ古典的制御を卒業し，より積極的な生き方へ前進します。

　よりよい状態に到達するには，動いて探すことが必要です。いま横軸に住み場所を取り，縦軸にえさ1匹を得るための労力をとります（**図7.6**）。縦軸の値が小さいほど住みよい場所です。もちろん生物本人は，この曲線の本当の形を知りません。

　生物は始めどこがよいかわかりません。よりよい（低い）ところを探して少

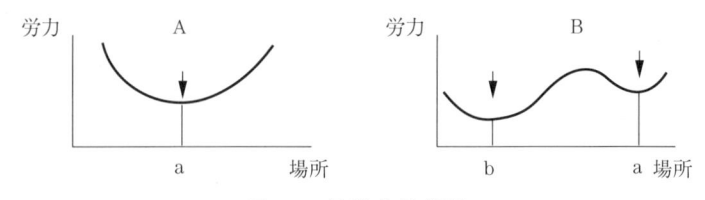

図7.6 局所的最適性

しずつ動き回り，一番低そうな点に到達します。曲線が図Aのようであると，生物は点aに到達します，実際そこが最良の場所です。しかし図Bのような場合には，点aに来た生物は一応そこに落ち着きます（局所的最適性と言います）が，実は少し離れた点bにもっとよい場所があります。点aにいる生物が点bを発見するためには，自分で動いてもっと広い範囲を探さなければなりません。

　生物は，「あてがなくても」動き回る性質を持っています。ある種の魚類は，環境が厳しい場所に向かって集団移住を試みます。全員が戦死覚悟の突撃のようなもので不合理な行動ですが，たとえ少数でも生き残れば生活範囲が広がるのですから，進化の過程の中での一つの努力だとも言えます。

　あてもなく動き回ることはよい行動に見えませんが，上のような意味を持つことがあります。信号路や対象の擾乱は，普通は制御・計測の邪魔になりますが，同じ意味で役に立つことがあるでしょう。人工システムでは，わざと本来の動作に微小な動揺を加えて性能を改善することがあります。生物でもそれらしい動揺が観察されることがあります。個体や種の行動にも，意味のある動揺が隠されているかもしれません。

7.8　局所的最適性と個体の行動

　人工システムの設計では，選択肢候補それぞれについて評価し，結果を比較して最適経路を決定します。いっぽう生物は，「とにかくこうしよう」と，自分の視野の範囲で判断し行動します。ここまでに説明した魚の突撃移住，司令塔のない進化，局所的最適性などはすべてそうだと言えます。

　別の場面として，猛獣が獲物を追う場面を考えます（**図 7.7**）。猛獣はいろいろな追い方をして獲物を捕まえることができます。しかし最終的に獲物を捕まえる地点，それまでの経路，必要なエネルギーなどを自分の頭の中で計算し，すべての可能性の中で最良の経路を決めてから走るわけではありません。計算をしている間に獲物は逃げてしまうでしょう。まして現在の自分の行動が

64   7. 進化のメカニズム

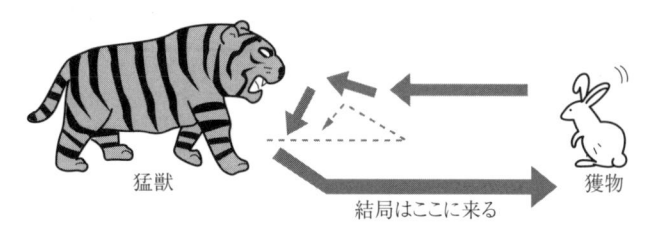

図 7.7 猛獣と獲物

種の進化にどう影響するかなど，考えている暇はありません。

だいたい相手がどう逃げるかわからないのですから，とにかく追い始めるしかありません。せいぜい少し先の相手の位置を予測して，そこへ向かって走るくらいでしょう。

生物が実際に出会う場面では，選択肢や不確定性が多くて，最後まではとても見通しがつきません。したがって，生物はすべての選択肢を考えてから行動を決めるのでなく，とりあえず目の前を見て，わかる範囲の「局所的」最適性に基づいて行動します。これは一般の人工システムの設計とは大きく違う点です。

局所的最適性や不確定性があると，結果は確率の問題になります。正しいと思って行動したとき，成功も失敗もあり得ます。つまり1回だけの試行結果から「正解はこれだ」と決めるのは早計です。似た場面を何回も経験して，「このようなとき獲物は多分こう逃げる」といった法則を知り，それに基づいて行動します。ここに経験と学習の意味があります。

傾向や法則性を見出すには，試行を繰り返して経験を多く積むことが大事です。そして受身で偶然の機会を待つのでなく，「こうしたらどうだろう」と進んで経験を求めるべきです。人間は，生まれつき「積極的に試み，学ぶ」ことを知っています。教育の場面では，始めから一定の「正解」を知識として与えるのでなく，本人が自分で試行し，失敗を重ねて学ぶ姿勢を教えるべきです。

7.9 この章のまとめ

　遺伝子は,「生存競争に強くなること」を目的に修正されます。進化は突然変異,交差,生存競争（選択）を,三つの基本原理として進行します。遺伝的アルゴリズムは,それらの原理によって優れた生物が作られると想定するもので,人工システムの最適設計に応用されます。

　進化の過程をパソコン上で模擬することには意味があります。実際の進化には,三つの基本原理以外に,相互の影響,安定性,ご破算,分散システム,擾乱など,いろいろな現象があります。進化の過程の中でそれらの持つ意味を,定性的・定量的に考察することは意味があるでしょう。

　経験の範囲や視野が限られるために,個体の行動は局所的最適性に基づく確率的なものになり,経験を積み重ねて学習し,法則を抽出することが必要になります（図 7.8）。教育ではただ知識を与えるのではなく,積極的に行動し,経験を求める姿勢を教えるべきです。

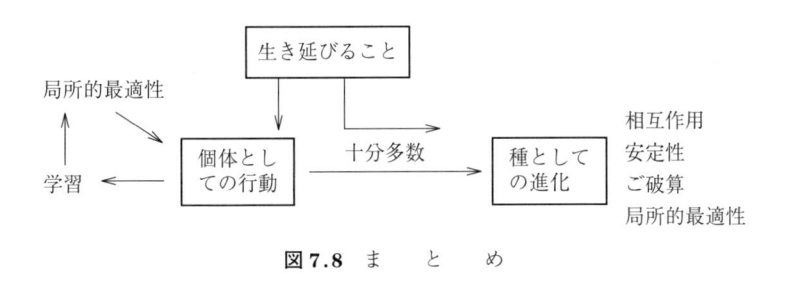

図 7.8　ま　と　め

8

遺 伝 と 学 習

8.1 元々はどうだったのか

　猛獣の子は親から特別にやり方を教わらなくても，走ったり跳んだりできるようになります。しかしえさになる動物を追いかけるときには，相手がどう逃げるのかわかりません。兎と狐では逃げ方が違うでしょう。どんなえさに出会うか生まれる前からはわかりませんから，追い方を遺伝情報に含めておくことはできません。「なにをどのように追うか」は，生まれた後で学習することになります（図 **8.1**A）。

図 **8.1**　遺 伝 と 学 習

　子孫へ知識や能力を伝えるときには，「いつでもどこでも必要になること」を遺伝情報として伝え，「場合によって違うこと」は生まれた後で学習するのが，最も合理的で能率的なはずです。

　いわば家を建てるときのように，子供は遺伝情報を骨組として親からもらい，生まれてから学習した知識を骨組の中にちりばめて，知識体系を完成させていくというのが本来の形なのでしょう（図 8.1B）。

8.1 元々はどうだったのか

人間の赤ちゃんは，大きな声，大きな人，激しい動きなどを理屈なしに怖がります。これは遺伝された警戒反応で，確かにこのような相手は基本的に要注意です。動物の子は，生まれるとすぐ親について歩き，大きな動物が来ると隠れます。身を守るために必要な原則は，遺伝情報に組み込んでおくのがよいのです。

もちろん危険回避のための知識を生まれた後で学習してもよいのです。しかし危険な敵から逃げる方法を試行錯誤で学習をしていたのでは，危険が多すぎて結局は生存競争に負けてしまいます。

知識の枠組みを遺伝されて生まれると，つぎは経験と学習です。赤ちゃんは，始めは暗闇を怖がりませんが，少し成長すると怖がるようになります。暗い場所には悪い人がいることを知ったためで，やがて他にも怖いものがあることを学びます（**図 8.2**）。

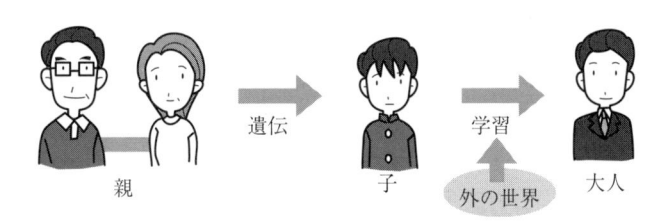

図 8.2 遺 伝 と 学 習

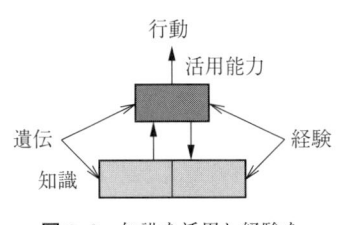

図 8.3 知識を活用し経験を取り入れる能力

遺伝と学習には上のような役割分担があります。遺伝と学習によって知識ができていきますが（**図 8.3** 下段），ここでは経験を知識に取り入れ，また知識を行動に活用する能力が必要です（図中段）。

いわば遺伝情報も経験も料理の材料で，それをどのようにご馳走に仕上げるかは別の大事な能力です。その能力は，まず親からいただいたものが基ですが，生まれた後で磨いていくことになります。

8.2 親の庇護と教育

　原始的な生物は，遺伝情報に従って成長し，同じ遺伝情報をつぎの世代に伝えます。子は親のコピーであり，一族はクローン社会を形成します。変化は突然変異のときだけです。高等生物は突然変異だけでなく，雌雄交配（交差）をしてもっと速く新しい遺伝子を作り出します。しかし環境の変化が速いと，それでも間に合わない場合があります。

　生物は，気候の変化や敵・えさの分布の変化など，さまざまな環境の変化に対応しなければなりません。遺伝子は環境条件に従って最適化されるのですから，環境の変化よりもいくらか遅れて遺伝子が修正されます。環境の変化がゆっくりなら問題はありませんが，地殻変動などで生活環境やえさの分布が急に変わると，遺伝情報の修正が追いつきません。人間の場合には，文明の進歩が速いことがたいへんな問題です。文明社会や公害に対処するための遺伝子はまだ出現していません。

　環境の変化が速いと，必要な知識を遺伝情報に組み入れることができません。生まれた後の学習が頼りです。

　野生動物の子供は，生まれるとまもなく立ち上がって歩きますが，人間の赤ちゃんは他の動物に比べると未熟な状態で生まれます。生まれたときは体力も知識も不十分で，親の庇護がないと生きていけません。生まれてからしばらくの間，親は懸命に子を守り，教育し，訓練をします。それが本来の姿で，「ほって置いても育つ」ことはありません。

　保育をするのは子供が弱いことだけが理由ではありません。それは親から子へ知識と能力を伝達する大事な時期です。遺伝情報で対応できない知識は，親の教育で補充しなければなりません。親子間だけでなく，学校教育でも知識を伝達します。猿などの動物集団の中でも，似たような教育が行われます。

　親から子への情報伝達は，遺伝情報を補う以外にもう一つの面があります。前に説明したように遺伝情報は種としての共有財産です。いっぽう個体や家族

として必要な知識もあります。「隣のおじさんには気を付けなさい」といったその家族だけの知識は，遺伝情報に組み込むわけにはいきません。

ただこれは単なる知識ですから，別に子供が試行錯誤し苦労して身に付ける必要はありません。親に教わって覚えればよいのです。つぎの段階で子供は親から離れて独り立ちし，自力で外の世界とやり取りをして能力を身に付けていきます（図8.4）。

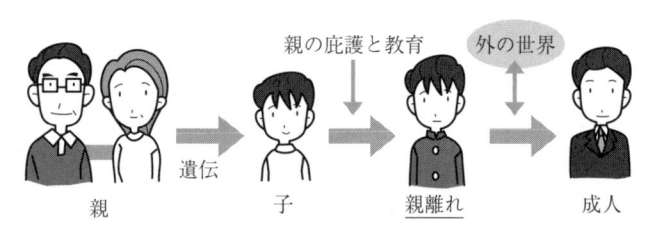

図8.4 親の庇護と親離れ

このように生物は，遺伝と学習という異なる時間的・空間的スケールで情報伝達を行っています。それが合理的なのです。元々生物は，遺伝情報だけで子孫を作ってきたのでしょうが，特に人間の場合，機械文明の進展や生活環境の変化があまりにも急で，また一律な原始生活でなく，もっと細かく環境に対応する必要が生じたために，親から子への教育が始まり，学校教育が始まったと考えられます。

細菌には学校はありませんが，最近は抗生物質によって攻撃されるので，突然変異などの変化を頻繁にして対抗することがあります。生存競争によってしっかり選択がされるのなら，それも合理的な戦術でしょう。

8.3 親離れの意味

やがて子供は成長し，ある段階で「親離れ」します（図8.4）。これは大事な「区切り」で，ここから子供は一人前，親は脇役です。学校でも学生は卒業すると一人前とされます。それも一種の親離れです。

8. 遺伝と学習

現在の人間社会では,「親離れ」のけじめが怪しくなりました。しかし他の動物の親は,そのときがくると子供がそばに来てもうなり声を出して追い払い,高い所から突き落とし,あるいはわざとえさをやらないなど,「親離れ」を非常に厳密に実行します。「独立すること」は,それほど大事なことなのです。その意義はどこにあるのでしょうか。

子供は一人前になると,図 8.5A のように自分で外の世界とやり取りをして,知識と能力を積み上げていきます。これは制御と計測の基本図式そのものです。

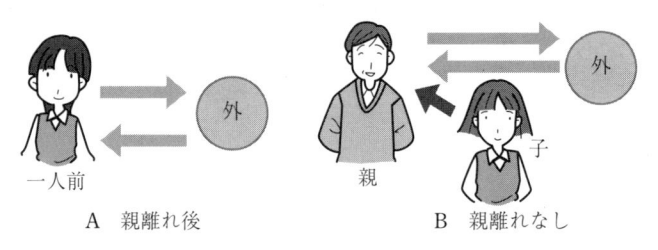

A 親離れ後　　　　　　B 親離れなし

図 8.5　親離れの意味

もし親離れをしないと,子供は外の世界に相対しているように見えても,実は親を見ています(図 B)。親が外の世界とやり取りし,子供は親のまねをします。これでは,子供が親を目標として努力する古典的制御にすぎません。うまくいっても子供は親のコピーになって,親を超えることはなく種としての進歩もありません。つまり原始的な生物が親をコピーする世代交代と同じです。

種が進歩するためには,子供が親離れし,独り立ちして苦労する必要があります。いまの日本のように,親が外の世界に対応し,細かなことまで子供の面倒を見,子供は親の行動を他人事のように見ているのでは,子の世代に種の進歩を託すことはできません。親が子供をペットなみに可愛がっているだけでは,社会は退歩しても進歩はしません。

野生動物は一気に親離れを子供に強制し,その後は親子の縁を切って知らん顔をすることが多いのですが,いきなり放り出された子供は生命の危険にさらされます。多産系の動物ならそれでよいのでしょうが,人間はそれほど子供を

生みませんから，親離れをした後も子供を守らなければ種が滅んでしまいます。

　親離れをした以上，子供は外の世界に独りで対面しなければなりませんが，親は少し離れて子供が危険な場所に行かないように見張り，また敵が来て緊急事態になれば子供を守らなければなりません。しかし親の立場は教師や代表者ではなく，脇の監視役・保護者です。親には意識の切り替えが必要ですし，機械や環境もそれを促すべきです。

　親がはっきりと意識を切り替えたうえできめ細かい配慮をするのならば，子供に生き方の模範を示し，学習を支援することができます。もちろん子供は自力で学習を進めるのですが，いきなり難しい問題ばかりに取り組むと「失敗の経験」の積み重ねになります。それでは学習の実が上がらないだけでなく，気持ちが落ち込んでしまいます。子供が元気を出して能率よく学習が進むように，親が適当な問題を選び，また模範を示すと効果があります。猛獣の親は，自分の狩りを子供に見せ，また弱ったえさ動物を子供の目の前に置いて襲う訓練をします。

　人間の場合には子供は親や社会から守られており，むやみに急いで親離れを完了させる必要はありません。子供の独立心が育つことが一番大事なのですから，そのための親離れプログラムがあってよいでしょう。

　現在の育児機器や教育機器は，子供の成長と年齢を考慮するだけでなんとなく作られ使われています。しかし親子教育の段階，親離れの時期，その後の配慮など，子供の精神的成長の段階に合わせた「メリハリ」のある設計が望まれます。そして子供が必要な能力を獲得するだけでなく，その過程を通して外の世界に恐れずに対面し，進んで経験を積む姿勢を育てることが大事です。

8.4　この章のまとめ

　大枠の行動を遺伝によって受け継ぎ，細かなことを学習して補充するのが合理的です。元々生物は遺伝情報に基づいて作られてきたのですが，環境変化や文明の進歩が速すぎたために，親子教育や学校教育が遺伝情報を補います。ま

た種としての共通の知識以外に，個々の家族の事情など遺伝情報に含まれない知識を伝達するためにも，親子教育は大事です。

　種が進歩するためには，子が親離れして外の世界に向かい，試行錯誤をすることが必要です。そのためには，親は教育者から監視者・保護者に立場を変え，脇役として子供を見守る意識に切り替わる必要があります。「親離れ」が「子供の独立心」につながるという図式に基づいて，子育ての面から制御・計測の図式を掘り下げることが必要です（**図 8.6**）。

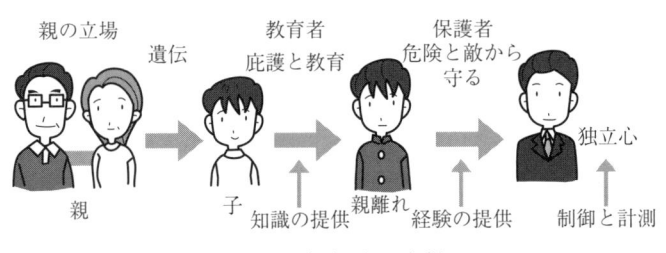

図 8.6　親と子の立場

9

生物の中での情報処理

9.1 さまざまなメカニズム

　生物は，親からの遺伝情報を知識の枠組みとし，独り立ちしてからは自分で経験をして知識を積み重ねていかなければなりません．学校でただ座って講義を聞くだけなら簡単ですが，話を聞いて「なるほどそうか」と思うだけでは，なにも身に付きません．人間は，ただ情報を受け取り蓄積する機械ではないのです．

　外の世界から情報が入ったときにそれを自分のものにするためには，情報をいったん蓄え，大事なものを選び，法則性に気が付いたらそれを自分で実行してみて，その結果を見てさらに，…というように，さまざまな情報処理機能と行動力が必要です．生物には，そのような多様な情報処理の機能が用意されています．それをうまく活用するかどうかで生活と生涯が決まります．

　生体の中では，大きく分けて分子構造，内分泌物質，神経回路の三つが情報を伝達し処理します．これらの三つの仕組みは，空間的・時間的に非常に違うスケールを持ち，仕事を分担し，またつかず離れずに協力して動作します．

　DNA は個人の体を作る分子構造を決めます．この分子構造は一生変わらない強固な構造で，「自分が自分であること」を大事に保存します．細菌などの敵が侵入すると，それが自分ではないことに気づき，自分の免疫システムに敵を攻撃するように要請します．子供を作るときには，自分の特徴ある個性を遺伝情報として渡します．人間の社会にたとえれば，DNA は戸籍や個人識別番

号に相当するでしょう。

　内分泌物質（ホルモンなど）は，特別な働きをする細胞から「たいへんなことになる」，「…はがんばってください」などという情報や指令を持って放出され，循環系の流れに乗って体中を巡ります。指令を受ける立場の臓器には専用のポストがあり，やって来た物質を必要に応じて受け取ります。

　これは新聞が全国いっせいに輸送され，購読者の新聞受けに入るようなものです。いったん放出された物質は，数時間程度は受け取った臓器に滞在します。薬を飲んだときと同じです。

　この本で考えている制御・計測・学習の過程では，神経回路が主役です。神経回路では一つの神経細胞からつぎの神経細胞へと，1秒よりずっと速く情報が伝達・処理され，最終的には本人の意思を決定します。一対一の情報伝送で，電話やメールのような働きをします。生物が素早く外の世界とやり取りするのは，神経の速い働きのお陰です。

　分子構造や内分泌物質も，神経回路を助けます。例えば体の一部をなんとなく活発にしたいときには，一つずつの神経細胞に連絡をするよりも広い範囲に物質を配送して，ちょうど広報車や掲示のような形でいっせいに伝えるほうが能率的です。

9.2　神経細胞の動作

　図 9.1 が神経細胞の模式図です。細胞の本体は 100 分の 1mm くらいの大きさで，ごく薄い膜で覆われています。細胞本体からは何本かの信号線（軸索）が，つぎに接続する神経細胞のごく近くにまで伸びています。

　神経細胞に，他の細胞や外部から作用（電気，熱，力など，刺激と言います）が加わり，刺激がある値（しきい値）を越すと，細胞膜に電気パルスが発生します（興奮と言います）。膜の一箇所が興奮すると，それは膜の上を伝わり，やがて軸索上をつぎの細胞に向かって走ります。このパルスが情報を伝えます。

9.2 神経細胞の動作

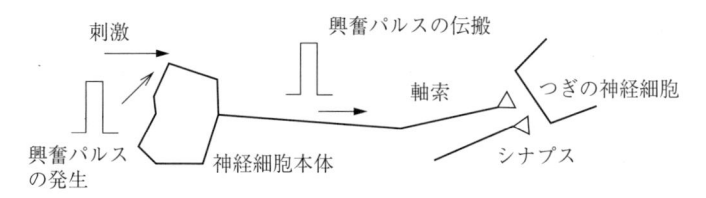

図9.1 神経細胞の情報伝達

　軸索の先端はシナプスと言い，つぎの細胞に作用する物質の貯蔵庫です。シナプスにパルスが到着すると，興奮性または抑制性の物質が放出され，つぎの神経細胞膜に作用します。どちらの物質を放出するかは，本体の細胞によって決まっています。つぎの神経細胞には他の神経細胞からのシナプスも伸びていて，パルスが来れば物質を放出します。放出された物質の影響は，興奮性はプラス，抑制性はマイナスとして合計され，興奮性がある値（しきい値）を越すと，つぎの神経細胞が興奮し，情報が伝達されます。

　シナプスから放出された物質は，ごく短い時間だけその付近に滞在して膜に作用し，やがて広がって消えます（**図9.2**）。いくつかのシナプスがあると，それぞれがパルス到着のたびに物質を放出し，その影響が総和されます。

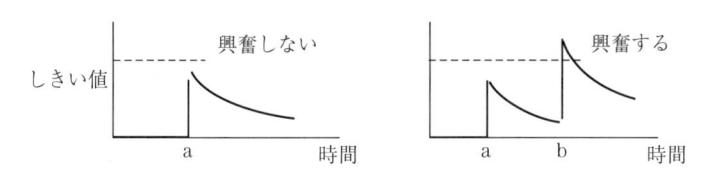

図9.2 神経回路の情報処理

　例えば図のように，「aとbのどちらかだけからパルスが来ても興奮しないが，ほぼ同時に両方から来ると興奮する」という動作ができます。「aから続けて2回来たら興奮する」という動作もできます。シナプスの影響力と膜の感じやすさを調整すれば，いろいろな判定（論理動作）ができます。神経回路では，このような論理動作を多数組み合わせて，複雑な情報処理をしていると考えられます。

9.3 神経回路の学習

神経回路がいつも決まった任務をするのなら，遺伝情報によって回路構造をすべて決めておけばよいのです。実際，原始的な生物はそのようにしています。しかし人間をそうすると，全員が規格どおりに大量生産されるロボットと同じになります。それでは進化がありませんし，大勢の人が生きる意味もありません。

生物が経験を積みつつ学習をするために，神経回路は経験を通して動作様式を変えなければなりません。神経細胞には目も耳もありませんから，自分だけで遠く離れた場所の様子を知ることはできません。自分自身が動作する中で状況を知り，動作様式を変えるしかありません。そのような仕組みのうちの基本的な二つを説明します。

[促　通]　興奮性シナプス a にパルスが来て，神経細胞が興奮したとき，それは a の影響だと判断されます（本当は他のシナプスの作用かもしれませんが構いません）。つまりシナプス a が「つぎの神経細胞を興奮させる」ことに成功したと判断されます。これがたびたび起きると，シナプス a の影響力が大きくなり，興奮性の信号が伝わりやすくなります（図 9.3）。

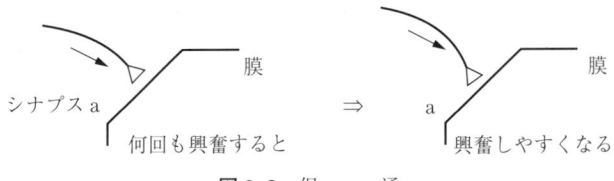

図 9.3　促　通

たとえて言えば，これは人間の直観や飛躍に相当します。始めは筋道に沿って考えますが，何回も同じ論理を繰り返すと，やがてその筋道は「当たり前」になり，「なぜそうなのか」と考えなくなります（ショートカット）。日常生活でよく起きることです。

[疲　労]　促通とは逆の現象もあります。シナプス a にパルスが来て，膜へ

の影響がしきい値を越すと神経細胞が興奮します。このときしきい値よりずっと多い（必要以上に多い）パルスが来て，いわば「興奮しすぎる」状態が続くと，そのシナプスまたは細胞は「疲れて」動作しなくなり，最後には「死んで」しまいます（**図9.4**）。

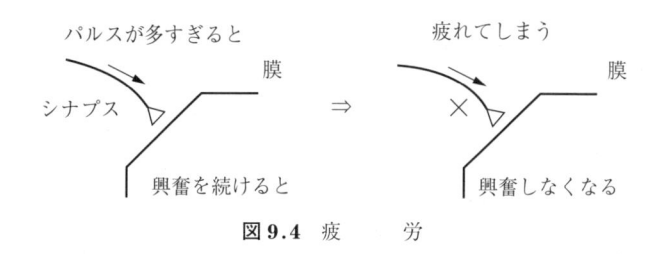

図 9.4 疲　　　労

疲労は信号路を切断して動作を調整します。人間の幼児期には非常に多数の神経路が成長しますが，やがて一部しか動作しなくなり動作を整理します。

促通や疲労など神経回路が自分の動作様式を変えていく性質を，可塑性と言います。

9.4　学　習　機　械

神経回路の可塑性を模倣して，生物と同じように自分で学習をする機械を作ろうという研究があります。**図9.5**がその基本的な考え方です。この学習機械には，2種類の文字A，Bを見分けることが要求されます。A，Bのさまざまな字体が用意されており，つぎつぎと機械に見せます。始め機械は正しく判定できませんが，とにかく答えを出します。外には先生が居て，答が正しいか

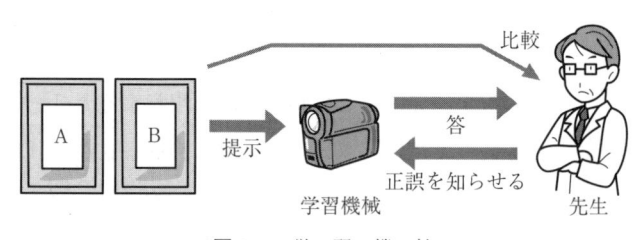

図 9.5　学　習　機　械

どうかを機械に知らせます。「間違った」と言われたら，機械は動作を修正します。これを繰り返していると，機械はそのうちに正しい判別ができるようになると期待されます。

　機械の内部構造，修正方法などの設計によって，さまざまな学習機械ができます。また先生なしで学習する機械も試みられています。いずれにせよ「入力A，B，…に対して出力○，×…を出せ」という形の要求が示され，そうなるように自分を修正していくのが，現在研究されている学習機械です。

9.5　学習と着目点

　図9.5では，機械は先生と同じになろうとします。しかし生物の学習の本質はコピーではありません。この違いをもっと掘り下げる必要があります。

　生物がいろいろ経験をした後で，「長いとげのあるものは食べない」という法則に気が付くとします。親が「とげを見なさい，長いかどうか」と着目点を指示してくれれば，法則性を見出すのは簡単でしょう。しかし人間が独りで学習をするときには，教わることなく，どこに着目すればよいかに自分で気づかなければなりません。

　図のAとBの判別でも，機械が頂点，横棒など着目点を始めから決めていて，着目した結果だけに基づいて判断するのならば学習は比較的簡単です。学校の先生は，生徒を着目点に誘導することが，腕の見せどころです。なにも言わないと生徒は途方に暮れるだけですし，誘導しすぎると「型にはめた」学習になって個性を抑えます。二つの面を上手にバランスさせることが必要です。

　現実の世界で活動をするとき，問題に出会って独力で着目点を見つけようとすると，「とげ」，「長い，短い」，「尻尾」など，必要になりそうな着目点は無数にあります。それらのすべてに対して神経回路を用意すると，どんなに多くの神経細胞があっても足りません。脳には百億個の神経細胞がありますが，すぐに使い切ってしまうでしょう。

　このような場合に人工システムを設計するとすれば，一つの方法として，具

体的にどの信号を処理するかは決めないで、可塑性を持った神経回路をある数だけ用意し、必要な場面になれば回路を割り当てることでしょう。そのためには、やって来た信号を神経回路に配分する回路が必要です。そのような電子回路を設計するのは難しくありません。しかし実際の生物にはそのようなスイッチ回路はありませんし、スイッチ回路に動作の指令を出す神経細胞もないようです。

コンピュータソフトでも、このように「なにとなにの関係に着目したらよいか」を助けてくれるものがありますが、やはり具体的な内容は決めないで枠組みだけ用意し、ユーザがそこに項目や経験したデータをはめ込んで始めて動作をします。はめ込む項目は人間が選ばなければなりません。

生物個体の学習では経験の数もそれほど多数ではありませんし、毎回の行動の成功・不成功が確率に支配されますから、一つの結果からでは断定はできません。何回も行動をし、なんとなく「こうらしい」という感じを重ねて着目点と法則が固まっていきます。間違った法則を導くこともあるでしょう。大きな間違いがあれば修正し、だいたいよければさらに高いレベルの学習に進むべきです。

現実の世界では問題は多種多様です。限られた数の経験と着目点でそのすべてには対処できません。完璧を目指して動作を改良していると、いくら複雑な構造を用意してもきりがありません。「満点をとるまで」留年する学生はいないでしょう。生物の学習はおおまかで柔軟であり、ある程度の誤りを許容して広い範囲の問題に対処します。これは生物が人工学習機械と違う点です。

9.6 神経回路と波動

脳を観察すると人工機械と大きく違う動作があります。脳では非常に多くの神経細胞が軸策を伸ばして絡み合っています。ここに信号が入ると、いくつものパルスがつぎつぎと伝えられ、池に石を投げ込んだときの波のような興奮の波が、脳の中を動き回ります。

興奮性の神経細胞が**図9.6**のようにループ（循環路）を作っているとします。一つの神経細胞が興奮すると，それがつぎの神経細胞に伝わり，パルスが巡回し続けるでしょう。これはごく簡単な例ですが，何万もの神経細胞が絡み合えば，パルスは多数の経路を通って複雑に伝わり，興奮のパターンが神経回路全体を動き回ります。これを神経回路の「波動」と言います。

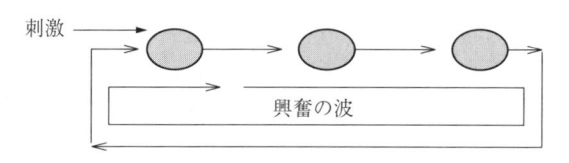

図9.6 神経細胞のループ

　頭の表面に電極を付けて増幅すると，このような波が時間的変化として観測されます（脳波と言います）。脳波から脳の活動について細かな解釈はできませんが，「酒場のざわめき」のようなもので，「皆が愉快だ」，「落ち込んでいる」くらいははっきりわかります（**図9.7**）。波動は，脳の全体的状況，つまり喜び，落ち込み，覚醒などの「情感」に対応すると考えられています。

図9.7 脳波は酒場の「ざわめき」

9.7　波動・記憶・情感

　先生や親がそばにいれば，答えが正しいかどうかを教えてくれます。しかし本人が独りで学習をするときはどうでしょうか。動物がなにかを食べ，実はまずかったとします。このとき神経回路には，「食べよう」と「まずい」の二つ

の情報が通過します。その二つを結び付けることが学習になります。

しかし「まずい」とわかった時点では，「食べよう」の情報は先刻処理済みで，その信号は神経回路にはもう残っていません（**図 9.8**）。二つの情報を結び付けるためには，ごく短時間でも「食べよう」の情報を保持しておく記憶が必要です。

ここに波動の大事な役目があります。「食べよう」と思ったとき「食べたい」情感の波動が生じます。それに「うれしい」情感が伴えば，波動は強くなるでしょう。この波動は少しの時間続きます。やがてえさを食べると「まずい」に相当する波動が起きます。

図 9.8　記憶が必要

二つの波動は同時に神経回路を動き回り干渉して，関係として定着するでしょう。そして「あれはまずい」という学習になります。神経素子が経験を定着させるには，同じ処理を何回も繰り返すことが有効です。その意味で情感に支えられた波動は，学習を促進するはずです。

9.8　情感と総合化

人工機械は冷静に動作しますが，生物の行動は情感を伴います。波動は「まずかった」を言語として記憶するのでなく，えさの形，匂い，雰囲気，周囲環境など漠然とした要素を，「なんとなく」情報処理に取り入れます。動物が獲物を追うとき，それは論理的な動作ではなく，食欲や期待などの情感を混ぜ合わせた判断です。細かな概念や単語を一つずつ記録してから神経回路で総合し，処理しているわけではありません。

つまり生物は重要な情報だけでなく，些細な情報もまとめて判断をしていま

す。獲物を追うとき，そばの仲間がどんな顔をしているか，獲物を譲るべきか，子供はどこでなにをしているかなど，一つ一つを処理するというより，すべてを総合化して波動の中に含んでしまいます。細かな感覚情報が「獲物を追う気」と結合し，手足への行動指令に影響します。

　このような些細なことまでを，すべて特定の信号として神経回路に割り当てるわけにはいきません。しかし波動の中に混ぜてしまえば，細かなことのために特別な神経回路を用意しなくてもよいのです。

　同じ情感や波動でも，起きやすいときと起きにくいときがあります。それは個々の神経細胞というよりも神経系全体の活動の問題です。脳の中には特別な内分泌細胞があり，パルスを受けるとホルモンを放出します。ホルモンなどの神経作用物質は循環系によって運ばれ，すべての神経細胞に影響します。

　また神経系には網様体といって全体に影響力を持つ情報伝達網があり，全体的な活動を統制します。これらの活動は，眠い，集中，…といった現象を生じます。いわば気分，情報処理の形態（プログラム）を変更します。

　このような全体的な作用は，だいたいにおいて神経細胞の感度（しきい値）を変化させます（図9.9）。ホルモンではありませんが。血中アルコール濃度が上がると，神経細胞のしきい値が下がって神経細胞は興奮しやすくなり，波動が起きやすくなります。いろいろなことが頭に浮かび連想も起きます。逆になにかに集中し緊張すると，網様体が働き，またホルモンが放出され，しきい値が上がって波動が起きにくくなり，余計なことを考えなくなります。

　私たちはなにか行動をするとき，その成果を期待します。期待が報われたかどうかは，情感を通して波動に反映され，行動と学習の意欲に影響します。こ

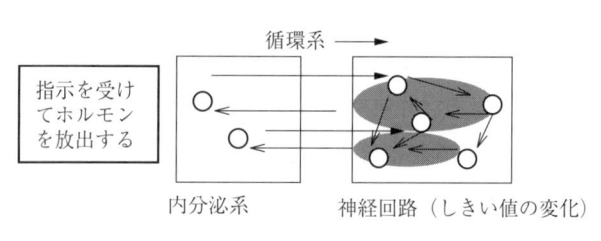

図 9.9 神経回路と内分泌系

れが「やる気」でしょう。神経回路のち密な情報処理と，人間の漠然とした価値観や判断をつなぐのが，波動の役目だと言えます。

9.9 この章のまとめ

　生物は時間的・空間的，また内容的にも多様な情報を扱います。そのために，分子構造，内分泌，神経回路のメカニズムが用意され，仕事を分担し協力します。日常の判断，行動，学習では神経回路が主体になります。試行錯誤による学習では，神経回路は促通や疲労によって動作様式を変えます。

　神経回路を手本にして人工学習機械が研究されていますが，生物の学習は機械とは違います。着目点の選定や多数の事項の総合化などについて，生物の学習メカニズムをもっと掘り下げる必要があります。

　多数の神経細胞が複雑に接続されると，つぎつぎと興奮が伝わり，波動を生じます。波動は短時間の記憶によって試行と結果を結び付け，また細かな情報を取り込み，情感と行動を関係づけます（図9.10）。

図9.10　ま　と　め

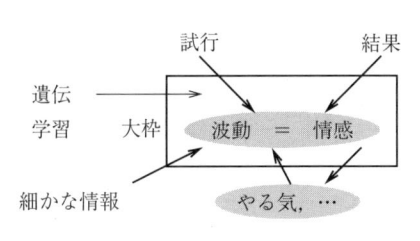

10

法則を抽出する

10.1 経験に学ぶ

親や先生には「こうするのだ」と教えられますが，丸覚えするだけでは少し違う問題に出会ったときに対処できません（図 10.1A）。皆が教科書どおりの知識と行動をするのなら，ワンパターン人間の集団になり，応用の効かない弱い社会になります。

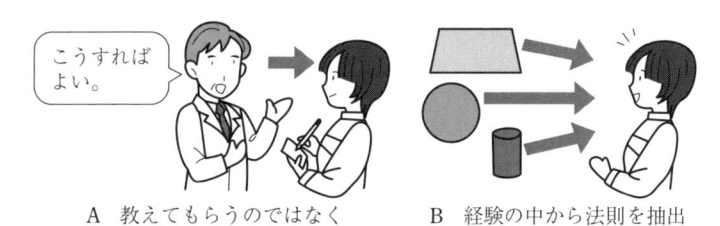

A 教えてもらうのではなく　　B 経験の中から法則を抽出

図 10.1 法則の抽出，実践，修正

日常の経験そのものでなく，その底辺にある法則を抽出しなければ学習とは言えません。法則性とは因果関係です。身のまわりには無数の原因と結果があります。なにに注目すればよいかを教えてもらえば，法則を見つけるのは比較的簡単です。しかし教えてもらわなくても，膨大な経験の中から「これとこれは関係がありそうだ」と感じることが一番大事なのです（図B）。

「これは赤い」，「食べたら甘い」など，現象を規定することができれば，たとえ数が多くても，根気よく関係を調べていくことはできます。実際そのようなコンピュータソフトもあります。しかし「こんな感じの人は信頼できる」と

いうように，私たちが見聞きする現象は，言葉で表しにくいものです。それでも法則性を見つけることが大事です。

経験といっても数が少なく，法則は確率的なものですから，「だいたいにおいて正しい」と考えるべきです。見出した法則を実践して，少しの間違いにはこだわらず，大きな間違いを修正する姿勢が必要です。生物は，わずかな間違いを許容する代償として，広い行動力を実現しています。

10.2 条件反射

二つの出来事がほとんど同時に出現すれば，関係があると思います。それは神経回路の学習メカニズムから言っても自然です。古典的条件反射は，同時性という見地から生物の学習を特徴づけるものです。

パブロフの犬の実験が有名です。実際に犬に手術をし，回復してから仲よくなってこの実験に協力してもらうのはたいへんなことですが，実験の内容は簡単明りょうです。

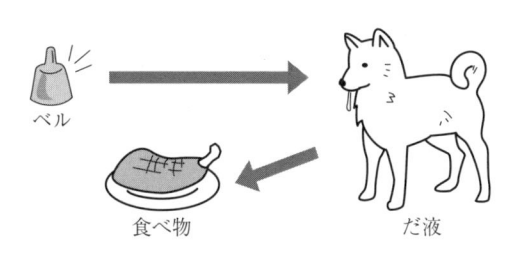

図 10.2 古典的条件反射

図 10.2で，犬に食物を見せるとだ液が出ます。そこで犬に食物を見せると同時にベル音を聞かせ，食物がないときにはベルを聞かせないことにします。これを繰り返すと，犬は「同時性」が印象に残り，食物とベル音が同じものだと考えるようになります。そしてベル音を聞くだけでだ液を出します。これが古典的条件反射です。条件反射は，生物の学習の基本図式だと考えられています。

10.3 学習曲線

私たちは，経験を積むに従って知識や能力ができます。知識や能力そのもの

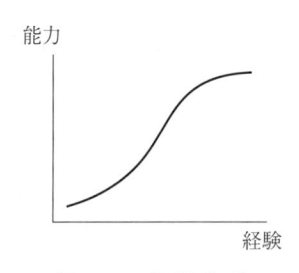

図 10.3 学習曲線

を直接計測することは困難ですが，それらと関係のある量を計測することはできます。

犬の場合には，だ液を出す確率，だ液の量を調べ，あるいはベル音に対する集中の程度を別の生理現象で調べることができるでしょう。また似た犬で何回も実験をして，成績を平均してもよいでしょう。しかしあまり度々テストをしてそのために状態が変わらないように，注意することが必要です。

一般に経験を積むに従って，能力は**図 10.3**のような形で向上します。この形の学習曲線はいろいろな学習の場面によく現れ，学習のS字曲線と呼ばれます。

学習を始めたばかりのときは要領がわからず進歩が遅いのですが，そのうちに様子がわかり速く進歩します。しかしトップレベルに近づくと，少しのことでも上達が難しくなり，進歩は頭打ちになります。運動競技，例えば短距離競争を考えれば，このことがよくわかると思います。付録A.3でS字曲線の簡単な数学を説明します。

10.4 条件反射の性質

条件反射をよく調べると，二つの現象が結合されるということだけでなく，学習の基本的性質をいくつか知ることができます。犬の実験を例にして説明します。

[**汎　化**] 犬をベル音a（例えば1 000ヘルツ）[†]でだ液が出るように訓練します。すると改めて訓練をしなくても，この犬は似たベル音b（例えば900ヘルツ）でもだ液を出します。つまり一つのベル音は，それに似たベル音を代表します。

[†] ヘルツは音の高低，つまり1秒間の振動数（周波数）を表す単位です。

10.4 条件反射の性質

これは，いわば「1を聞いて10を知る」ことに相当します。あるいは犬は，ベル音aとbが似ていることを，生まれつき知っているのです。動物は一度猛獣に出会って怖い思いをすると，似た猛獣からも逃げるようになります

汎化は，条件反射の神経回路に情報が入る前に，入力情報をいくらか処理して，似たものをまとめる回路が存在することを示します。条件反射本体に対して前処理と言います。前処理は生物によく見られる機能です（図10.4）。

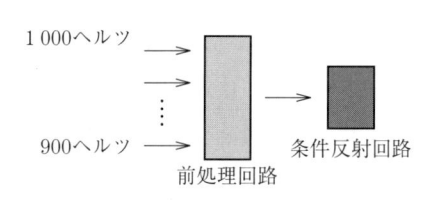

図10.4 前処理

前処理回路は，生まれつき存在するものです。耳の構造を見ると，ヘルツ（周波数）の近い音が入ると，似た信号が脳に送られるようになっています。しかしつぎの話でわかるように，近い音が1本の信号線で代表されて条件反射回路に入るのではありません。

[分化] 汎化とは逆に，犬にベル音a, bを区別させることができます。ベル音aと同時に食物を見せ，ベル音bでは食物を見せません。これを繰り返すと，やがて犬は，ベル音aは食物だが，ベル音bは違うということを理解します。つまりaでだ液を出し，bで出さなくなります。

訓練によって二つの音を区別できますが，それには限界があります。極端に似たベル音（例えば1 000ヘルツと980ヘルツ）で上の訓練をしますと，訓練が進みません。やがて犬は訓練に関心がなくなり，自閉症の状態に陥ります。

汎化と分化は，条件反射回路の役割が生まれつき決まっているのではなく，必要に応じて割り当てられることを意味します。

人工システムでそのような割り当てをするためには，図10.5のようにスイッチで信号を仕分ける分配回路を用意し

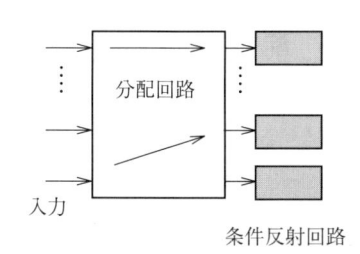

図10.5 分配回路？

て，入ってきた信号を条件反射回路に分配します。しかし生物はそのようになっていません。

［忘却・消去］　学習によって獲得した能力は，月日とともに消えていきます。これは忘却です。「忘れる」ことは私たちの生活で重要です。「あいつ殺してやる」などと，一度他人に対して怒りや恨みを持ったとき，それをいつまでも覚えていては，社会は成り立ちません。要らないことは覚えておく必要がありませんし，間違ったことを学んだら修正すべきです。

条件反射と逆の学習をすれば，忘却よりも早く学習の結果を消すことができます（消去と言います）。犬をベル音で訓練し終わってからそのままにすれば，犬は学習した内容をゆっくりと忘れていきます。しかしベル音を聞かせて食物を見せないという逆の経験を繰り返すと，学習内容はずっと早く消えます。パソコンのディスクに上書きするようなものです（**図10.6**）。

［強　化］　ある能力を忘れていく途中で，前と同じ訓練をすると能力が回復します。これは強化と言います。勉強の復習がこれに相当します（図10.6）。

以上は，いずれも学習と言うためには必要な性質です。生物の学習には他にも重要な性質があります。しかしなにもかも考慮に入れるとかえって本質を見失います。問題に応じて簡単化して研究すべきです。

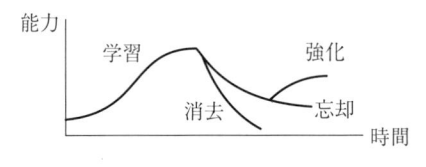

図10.6　学習，忘却，消去，強化

10.5　賞　と　罰

古典的条件反射は，二つの現象がほぼ同時に起きることに注目して，関係があると考えることです。一方，サーカスなどで動物を訓練するときには，教えたとおりに芸ができると褒めたり賞（褒美）を与えたりします。駄目なときに罰を与えることもありますが，褒美やスキンシップのほうが大きな効果があり

図 10.7 賞 と 罰

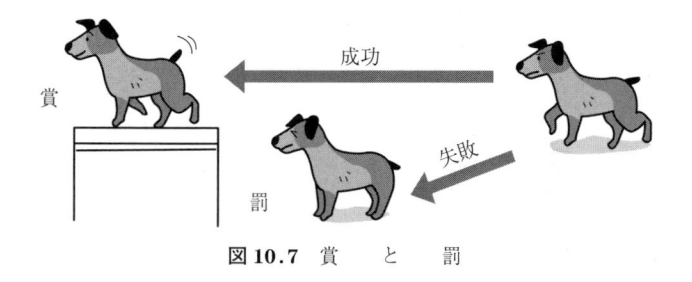

ます（図 10.7）。

　このような訓練では，本人の行動と賞罰を関係づけることになります。賞罰は同時性よりも身に染みることで，印象が深く，強い情感を伴います。これは神経回路の波動を持続させて学習を助け，同時性よりも速く能力を獲得することになります。つまり賞・罰は，例えばえさのように「生きること」に関係が深く，印象の強いものがよいのです。賞罰による条件づけを，オペラント条件づけと言います。

10.6　学 習 と 動 機

　学習は神経回路の構造変化ですから，そのためには関係づけるべき二つの信号が，何回も繰り返し神経回路を通過することが必要です。経験は 1 回だけでも，二つの波動が続けば，神経回路はそれだけ大きく変化します。入力による波動が持続することは，強い情感が起きることを意味します。学習では「動機づけ（やる気）」が大事だと言われる理由がここにあります。入力に対する強い印象，行動に伴う感情，成功感・満足感などは，いずれも情感を持続させ，学習を進めます。

　学習をするのは神経回路のその時点の動作ですが，「やる気」を起こすためには，以前の行動や，行動前の予測・期待，過去の成功・失敗例など，さまざまな記憶が必要になります。生物はいろいろな記憶を使い分け，条件反射の特性と組み合わせて，学習を進めています。ここでも機械が人間を助ける場面が

あります。

制御・計測の立場からはつぎのようになります。生物が外の世界に向かって行動するとき，生存という意味での賞罰が返されます。学習で「食べる」ことが賞として影響が大きい理由です。生きるか死ぬかの生活の時代時代には，この図式が進化に直結しました。

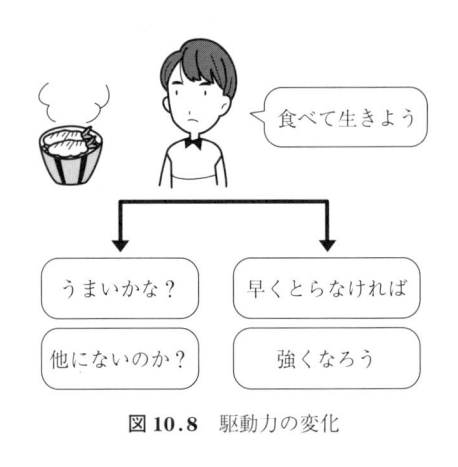

図 10.8　駆動力の変化

しかし文明が進歩すると話が複雑になります。美味，金銭，名誉…の欲望は，元々「生きること」から生じたのですが，本来の「生きる」意味は薄くなりました。しかし欲望であるからには動機づけとしての意味があり，学習に利用できます（図 10.8）。

一方，先進国のように最低生活が保証されると，「生きる」動機は消えていきます。失敗しても出世が違う程度で死ぬことはありません。親離れがないともっとあいまいになります。子供の不始末を謝るのは親で，子供は他人事のようにしています。

平和な社会が悪いはずはないのですが，生存競争に結び付いた賞罰を駆動力とする図式が消えると，競争と進歩という構造も消えます。昔と同じ学習の仕組みに頼っていたのでは，人類は退化するだけかもしれません。環境保全が行きすぎると，人間以外の種にも同じことが起きるかもしれません。「生物に学ぶ」のではなく，生物の学習の原理をもっと掘り下げ，平和な社会の反面を補修する研究も必要でしょう。

10.7　複雑な現実

条件反射を実現する神経回路が考えられます。付録 A.4 に一例を示します

が，犬の古典的条件反射を模倣しただけで，「できた」と思うのは早計です。現在もニューロコンピュータとして，神経回路の動作を模倣する電子回路が研究されています。しかしそれは生物を忠実に模倣するというよりは，役に立つ人工機械を作ろうとして少し急ぎすぎていて，生物のメカニズムからは外れつつあります。

条件反射で犬は実験に協力し，食物とベル音を関連づけます。犬はそれを知っていて，食物とベル音を結び付ける回路を用意して生まれてきたのでしょうか？　それは考えにくいことです。

私たちは生まれてから非常に多くの経験をし，関連づけなければなりません。ファッションとして帽子，服，アクセサリー，靴，…の組み合わせだけでも，膨大な数になります。胎児の時代から未来のファッションを考えて，組み合わせのために条件反射回路を用意するのは無理でしょう（**図 10.9**）。

図 10.9　生まれる前からファッションを考えている？

また現実の世界では，「天気がこうで，相手が…のときは」というように，何段階もの条件を考えることが必要です。このような無数の条件すべての組み合わせに対して神経回路を用意したのでは，すぐに脳の神経細胞を使い切ってしまいます。

生物には条件反射の回路が備わっていても，具体的になにとなにを割り当てるかは決まってなく，必要に応じて指定されるはずです。しかしそのような割り当てをする回路が生物に見出されないということは，条件反射，さらにもっと広い意味で生物の思考が，電子回路のような明確な配線に頼るものではないことを示唆します。

脳では，一つ一つの条件反射を少数の神経細胞が分担して担当するのでなく，神経細胞の興奮の波動が，神経回路内を動き回る間に作用し合い，二つの現象を関連づけるのでしょう。生物は，「もし…なら…，そうでなければ…，つぎに…」という「硬い」論理ではなく，気分や情緒を含めて，なんとなくいくつもの出来事が関係し合う「柔らかい」学習をしているのです。その結果として間違いも起きますが，限られた数の脳細胞を有効に使って，多くの事項を総合しているのでしょう。

10.8 この章のまとめ

生物は，一定の知識を教えてもらい，ただ覚えるのではありません。経験から法則を抽出し，新しい出来事にも法則を応用しなければなりません。法則を実践して必要があれば修正し，行動範囲を拡大します。そのための学習のメカニズムが備えられています。条件反射が生物の学習の基本です。

法則性の抽出は，複数の出来事を関連づけることです。古典的条件づけでは，同時性に基づいて二つの現象を関係づけ，オペラント条件づけでは行動と賞・罰を関連づけます。条件反射には，汎化，分化，忘却，消去，強化など，学習が「ただの丸覚え」でなく，有効に知識を蓄積するための機能が用意されています。

学習の背後には，賞罰と生存競争，情感があり，学習を動機づけます。現在の社会ではこの構図があいまいになっており，それをどう補完すればよいかが問題です。

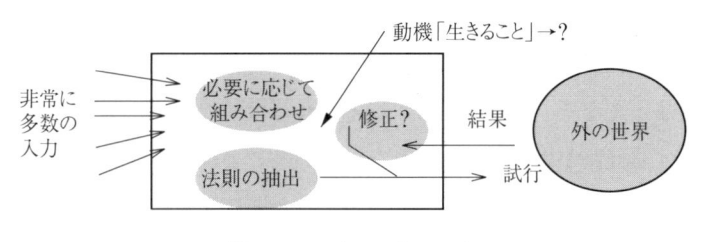

図 10.10　ま　と　め

現実の世界では，非常に多くの事項が関係し合い，始めからすべての組み合わせについて神経回路を用意することはできません。生物では，人工システムとは違う学習のメカニズムが働いているはずです。情感の波動が現象を総合し，波動間の結合によって組み合わせを総合し，学習をしていると考えられます（**図 10.10**）。

11 学習と記憶

11.1 記憶の役割

　猛獣が獲物を追う話をしました。生物が行動するときにはいくつも選択肢があります。それぞれに対する結果を調べて比較してから行動をするわけにはいきません。行動を急ぐ必要があり，知識や法則が確実でないし，相手の行動も予測できないからです。

　経験が不確かなときには，多数の経験を積み重ねて法則を抽出しなければなりません。そのためには過去の出来事を記憶し整理する必要があります。法則を実践した結果，それを修正するときにも，過去の経験を思い出さなければなりません。

　いままでの制御・計測の基本図式には，記憶の役割がはっきり書いてありませんが，計測結果に基づいてつぎの段階での行動を計画するときには，記憶が必要です。記憶としては短時間，長期間，収納，想起，整理などさまざまな機能が要求されます。

　生物の場合，学習とは「経験を通して行動様式が変化する」ことだと定義されます。つまり記憶はただ「覚える」のでなく，内容を整理し活用する作業が一体化していて，記憶と学習を分けることができません。パソコンの場合には，演算はプロセッサ，記憶はDVDやフロッピーとはっきり別の部品が担当しますが，生物の学習と記憶は，どちらも脳の全体的な仕事で分離することができません（**図11.1**）。

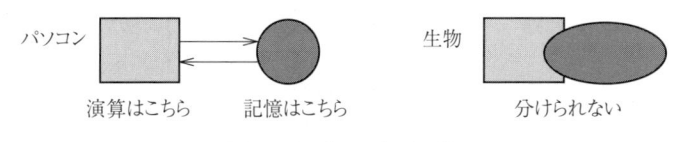

図 11.1 学 習 と 記 憶

11.2 脳研究—上からと下から

　生物が成長するとき，遺伝情報に基づいて神経細胞が軸索を伸ばし，ある程度までは決まった構造を作り上げます。例えば「色を識別する」といった処理は，学習しなくてもでき上がります。先祖の能力を遺伝しコピーしていると言ってよいでしょう。

　遺伝によって一定の枠組みができます。そして生きていく間にさまざまな経験をします。神経回路は同じ動作を繰り返して動作様式を変え，大事な経験を記憶します。それが学習・記憶であり，遺伝の枠組みの中に知識体系ができていくように見えます。

　しかし実際の生物は情動によって行動し，学習は「気まぐれ」です。情動も思考に大きく影響します。「危ないからやってみる」，「なにを言われてもこう思う」など，人間は非論理的思考を通して自己を主張し発展してきました。

　脳を研究するときに二つの立場があります。一つには個々の神経細胞の動作を理解し，それを接続したシステムとして脳を理解しようとします（ボトムアップと言います）。人工機械の場合だと，ねじや歯車の構造と機能をまず理解し，それらの部品を組み合わせたシステムを理解しようという考えです（**図 11.2**）。しかし脳の場合には，図の上部へ進むとすぐに壁があります。特に情動や非論理的動作を，回路として定量的に理解するのは困難です。

　もう一つには細かいことはさておき，心すなわち脳全体の働きに注目します。脳全体の状況から始め，つぎに脳をいくつかの領域に分けて調べるというように，図 11.2 の上から下へ向かって進みます（トップダウンと言います）。自動車を分解してエンジンや車体に分け，それらをまた分解して機能を調べ

11. 学習と記憶

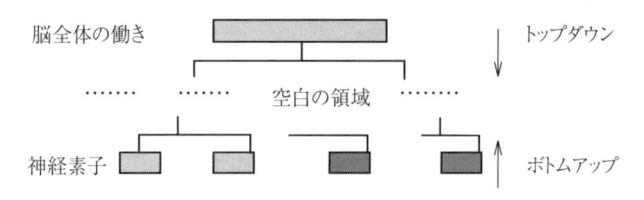

図 11.2 トップダウンとボトムアップ

というやり方です。しかし脳は自動車のように整然と部品に分解できませんから，少し進むと限界があります。

脳の研究では，トップダウンとボトムアップの二つの理解の間に大きな空白が残っています。私たちが脳のすべてを理解するのはまだ先のようですが，両側から研究を進めることが大事です。この章ではトップダウンの立場から生物の情報処理を考えます。

11.3 記憶の定着

記憶の定着については，目的や場面に応じて短時間，長期間，想起の速さ・細かさなど，いろいろな機能が必要になります。

神経回路の中を興奮の波動が動き回ることで短時間の記憶ができます。しかし途中で関係のない信号が入り，あるいは脳が他の作業をするとその記憶は消えます。

シナプスに興奮パルスが来ると，興奮性（あるいは抑制性）の物質が放出され，つぎの神経細胞膜に作用します。やがて物質は空間に広がって作用が消えますが，その間は作用が残り記憶が保持されます。これらは「覚える」というよりは，学習をするのに必要な短い時間だけ情報を保持するものです。

同じ動作が繰り返されると，促通や疲労によって神経回路の動作様式が変化し，最後には固定されます。あるパターンの波動がしばらく続くと，神経細胞間の結合が変わり，その波動が起きやすくなるでしょう。二つの波動が並行すればその関係が深くなり，一方が起きたときに他方も起きやすくなるでしょ

```
パルス        物質の       構造の
の巡回   →    貯蔵    →   変化
短期的                    長期的
```

図 11.3 記憶の定着

う。論理や連想の機能が作られます。しかし神経細胞の結合が元に戻れば記憶は消えます。それは忘却です（**図 11.3**）。

波動の巡回のように，動作を続けることによって記憶を保持する記憶をダイナミックメモリと言い，神経細胞間結合の変化のように，回路構造として固定される記憶をスタティックメモリと言います。脳にはその両方が存在し，目的に応じて協力します。

11.4　記憶のブロック図

以上の説明のように，生物の記憶はさまざまなメカニズムによって実行されますが，細かなことは抜きにして，機能面からは，三つのブロックを考えます（**図 11.4**）。それらの機能が脳のどこにあるかは追求しません。

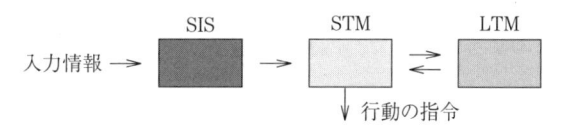

```
                 SIS        STM        LTM
入力情報 →    [    ]  →  [    ]  ⇄  [    ]
                            ↓
                         行動の指令
```

図 11.4　記憶のブロック図

三つのブロックは，SIS（感覚一時貯蔵），STM（短期記憶），LTM（長期記憶）と呼ばれます[†]。SIS は入力情報をごく短時間だけ蓄える部分，STM は必要な情報を整理し，判断し，行動を指令する部分，LTM は重要な情報を半永久的に保存する部分です。

[†] SIS = sensory information storage，STM = short-term memory，LTM = long-term memory。この図は記憶の貯蔵庫だけを示します。これ以外にブロック間の情報の流れを制御する回路が必要ですが，描いてありません。

11.5 感覚一時貯蔵 (SIS)

　人間は目から耳から体内から膨大な情報を受け取ります。一人の人間が日常活動中に受け取る情報量は，毎秒10億ないし100億ビットと言われます[†]。これは1本の光ファイバーケーブルで伝送する程度の大きな量です（**図11.5**）。

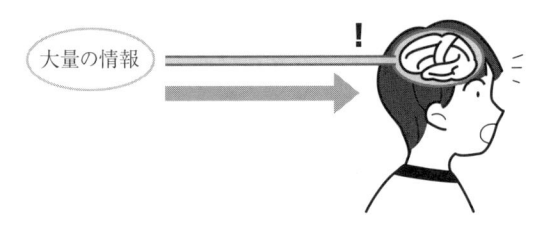

図11.5　光ファイバーなみの大量の情報が入る

　入ってきた情報が大事かどうかはすぐにはわかりませんから，「見たまま，聞いたまま」全部の情報を，そのまま感覚一時貯蔵（SIS）に蓄えます。SISの記憶容量は非常に大きいのですが，入ってくる情報を全部ためているとすぐ満杯になりますから，内容は0.2秒くらいで消えるようになっています。SISは走り書きメモのようなもので，内容はすぐに捨てられます。大事な情報は捨てる前にSTMに送ります。

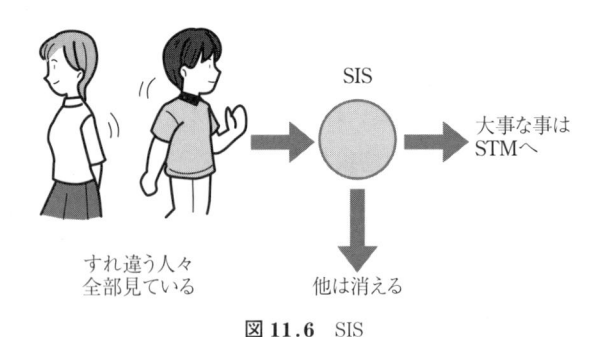

図11.6　SIS

[†]　ビット（bit）は情報量の単位。始めての人は付録A.1を参照してください。

盛り場を歩くとき，すれ違う人たちを見ています。ハイウェイで車を運転しているときには，前後の車を見ています。そのときは確かに見ているのですが，特別な印象がないものは少し時間が経つと覚えていません（図 11.6）。これは本当に消えたので，どうしても思い出すことができません。

11.6 短期記憶（STM）

SIS の中で重要な情報は，短期記憶（STM）に送られ，概念や出来事として貯蔵されます。例えば「〒」は SIS の中にこの形のまま蓄えられますが，STM に入るときに，「郵便番号」という意味に変換されます。この変換回路は，図に描いてありません。

SIS から STM への伝送路は狭く，情報は毎秒 100 ビット程度しか送れません。これはゆっくりと話すときの情報量で，SIS に入った情報のごく一部です。SIS の内容を全部 STM に送ろうとすると，信号路が狭いので，全部を送りきる前にタイムリミットの 0.2 秒が来て，SIS に残っている情報は消えてしまいます。会話中に相手の言葉をすべて記憶しようとしても無理です。しかしゆっくりと話してもらうか，要点だけなら記憶できます。

SIS は，電子回路でシフトレジスタと言われるダイナミックメモリで，7 個程度の容器（セルあるいはチャンク）があります（図 11.7）。

概念や出来事は一つずつセルに収容されます。セルの記憶容量は大きく，たいていのことはまとめて一つのセルに入ります。

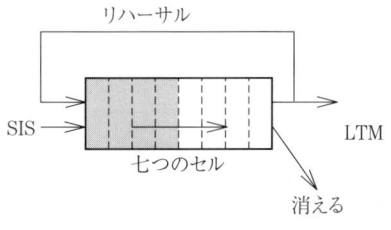

図 11.7 STM

SIS から STM に新しい情報が来ると，図の左端のセルに概念・出来事の形で収容されます。つぎつぎと新しい情報が入ると，その前に記憶した内容は順に右へ送られ，右端のセルから押し出された情報は消えます。

しかし右端からはみ出してもなお保存したい情報や，別途 LTM から読み出

した情報を左端のセルに入れてもよいのです（このとき SIS から新しい情報は入れられません）。この循環をリハーサル（またはリサーキュレート）と言います。なにかを覚えたいときに繰り返し暗唱しますが、それはリハーサルです。

STM は情報を循環して保持できますが、巡回している間に順番が変わったり、近所で干渉したりして内容が崩れていきます。数分程度が限界です。また循環中に強烈な出来事や別の仕事が入ると、循環中の内容は消えます。

11.7　STM の役割

STM はただ情報を記憶するだけではありません。セルの内容をたがいに比較して整理し、また状況を判断して手足に行動の指令を出します。勉強しながら知識を体系づけ、自動車を運転するときに、周囲を見て状況を判断し、ハンドルやブレーキの操作を手足に指令するのは、STM の仕事です（図 11.8）。

STM の構造にはあまり大きな個人差はありません。例えばセルが7個と言うとき、個人差は±1程度です。したがって、STM の一般的な特性を人間・機械システムの設計に組み入れて役に立てることができます。

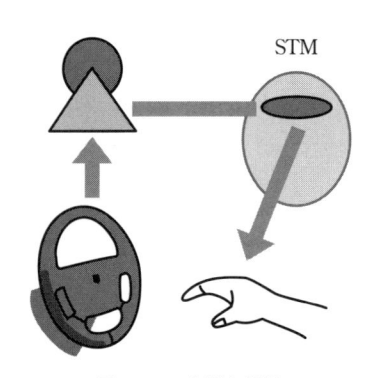

図 11.8　人間と機械

日常活動で人間は複雑な判断をし、行動します。セルが7個では足りないように見えますが、セルは概念や出来事を蓄えることができます。「猫」を「ね」、「こ」と文字に分解して記憶すると2個のセルが必要ですが、しかし「猫」という形や概念なら一つのセルに入ります。「A 君が…の場所で…をした」というような出来事も、一つのセルに入ります。いろいろなことを関連させて一つの出来事にしてセルに入れると、7個のセルでも大量の情報が蓄えられます。これは記憶術に応用されます。

11.8 長期記憶（LTM）

STM の中で重要な情報は LTM に送られます。また LTM にすでに蓄えられている情報が必要になったときには，それを STM に呼び出します。

11.8 長期記憶（LTM）

STM の内容を長く保存したいときには，それを長期記憶（LTM）に送ります。LTM はフロッピーディスクと同じようなスタティックメモリで，一度書き込んだ情報は消えません。印象に強く残った出来事は LTM に残り，死ぬまで消えません。人の名前や英単語の意味など思い出せないことがありますが，それは忘れたのでなく LTM から出て来ないのです。少し後でふと思い出す場合があります。

LTM では，STM から送られてきた概念や出来事が，関係を付けて記憶されます（図 11.9）。この形の記憶は連想メモリと言います。関係とは材料，用途，場所など，なんでもよいのです。この構造のお陰で，LTM からなにか一つ思い出すと，関係のあることがつぎつぎと思い出されます。これは想起，連想です。

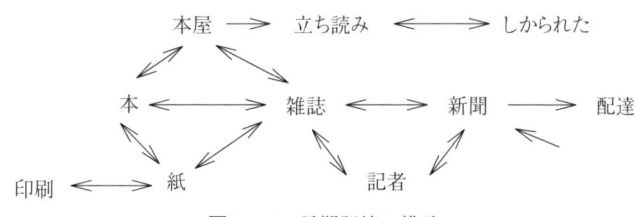

図 11.9 長期記憶の構造

コンピュータも連想メモリを備えていることがあります。しかしそれは見かけ上のことで，コンピュータは受け取った情報をどこでも適当な場所に収納し，情報間の関係を示す目印（ポインタ，図の矢印に相当）を付けておきます。記憶内容を呼び出すときには，コンピュータはポインタをたどって記憶内容を取り出します。しかし脳にはポインタなどありません。始めから情報を関係ある構造として蓄えます。ここでも波動を媒介にして，概念が関係づけられ

ていると考えられます。

　STM とは対照的に，LTM の構造には大きな個人差があります。LTM の記憶内容は人生経験の反映ですから当然です。LTM には概念や出来事とともに，関連した出来事，情感などが含まれますから，まさに価値観，世界観，嗜好、個性の座です。

　LTM の構造は個人ごとに違いますが，もしこれを多少でも推定できれば，機械は個人それぞれに合ったやり取りができるでしょう。LTM の構造は，連想事項，想起時間などいくつかの方法で粗い推定ができますが，詳しい研究はこれからでしょう。

11.9　記銘と想起

　LTM が連想記憶構造であるために，新しい概念を蓄える（記銘）ときに手間がかかります。例えば図 11.9 の構造に「編集部」を蓄えるとします。「編集部」はすでに蓄えられている「雑誌」,「新聞」,「記者」などに関係します。そこで関係のある概念をすべていったん STM に送り，そこで関係を整理してから，LTM に入れ直します（**図 11.10**）。この手間のために，新しい概念を LTM に入れるのは非常に遅くなり，毎秒 1 ビット程度です。これはゆっくりとメモをとる速さで，大量の情報を急いで蓄えるのは無理です。

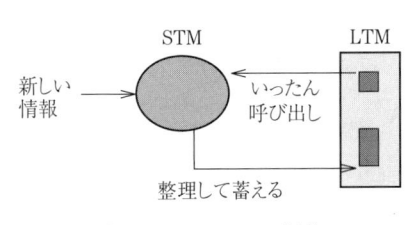

図 11.10　LTM への記銘

　いっぽう記憶内容を LTM から STM に読み出す（想起）ときには，一つが出て来ると，関連してつぎつぎと出て来ます。手間をかけて蓄えたために呼び出すのは簡単です。逆に言えば，呼び出すときのためには，よく整理してから格納することが大事です。しかし最初の一つはどうやって見つけるのでしょうか。

LTMに蓄えられた知識は膨大で，百科事典に匹敵すると言われます。STMと制御回路が協力して必要な概念の収納場所を探しますが，百科事典を最初から1ページずつ調べるようなやり方をしていたのでは，いつまでたっても出て来ないでしょう。

最初の記憶内容を見つけるために，つぎのような動作機構があると考えられます。制御回路は，舞台のスポットライトのようにLTMに光を当てます。始めはだいたいの場所に広く光を当てます。そこに目的の内容が含まれているかどうかを調べ，含まれていそうだったら光の範囲を絞ってもう少し丁寧に調べます（図11.11）。

「去年の今日はなにをしましたか」と聞かれると，そのころ「…へ旅行した」ことを思い出し，それからもう少し詳しい日程を考えて目的の記憶に到達します。この動作にも，脳の波動が役目を持っていると考えられます。

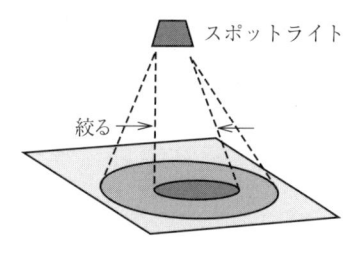

図11.11 想起の過程

11.10 成長過程と記憶

人間の赤ちゃんは未熟な状態で生まれ成長します。生まれてからもしばらく神経細胞が軸索を伸ばして，細胞間の接続を増やします。学習が始まると，不必要と思われる接続を不活性にして，必要な情報処理機能を作ります。

軸索はただ乱雑に伸びて他の神経細胞につながっていくように見えますが，実はそうではなく，基本的な接続は遺伝によって指定されています。人間に共通な基本機能は，教わらなくてもできてきます。図形の角や音の高低にはだれでも注意しますし，ある曲はだれにも楽しく，別の曲はだれにも悲しく聞こえます。

SISからSTMまでの機能は，遺伝情報によってしだいにでき上がり，活用されます。一方LTMの内容は，最初には空白です。LTMの内容が生まれる前

からできていて，生まれた途端に「本屋さんはどこ？」などと言う赤ちゃんはいません。生まれた後で経験を積むにつれて，しだいに LTM の内容ができてきます（図 11.12）。

図 11.12 LTM は最初白紙

LTM の内容ができてくるのは，主に 0 歳から 3 歳くらいまでと言われます。ものの考え方，個性や性格ができ上がるのが，この時期です。STM の基本的な構造は，早い時期からできますが，リハーサル，比較・整理など少し複雑な処理は，小学校低学年くらいにできるようです。

幼児の時代には SIS や STM で情報を取捨選択できないので，見聞きしたことは信号路に入るかぎりそのまま LTM に届き，そこに定着します。外の世界の知識を取り入れるのは当然ですが，知識と一緒に「お母さんの不愉快な顔」，「荒々しい声」といった精神的不安定さや，納得できない出来事が取り込まれると，よい性格は育たないでしょう。

子育ては，ただ外の世界から遮断して静かな育児環境を作ればよいのではありません。LTM に適切な内容を定着させるためには，穏やかに情報を与えることが大事です（図 11.13）。現在の社会では，すべての人が情報の洪水にさらされます。大人は必要な情報を選ぶ能力がありますが，幼児は選択の余地なく情報にさらされます。一種の情報弱者で，悪い影響が出ないように気を付けるのは，大人たちの役目です。

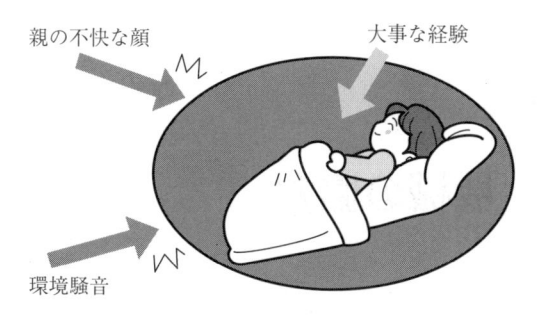

図 11.13　育児環境

11.11　この章のまとめ

　生物は経験から法則を抽出し，また法則を実践して評価・修正します．ここで記憶が重要な役をします．生物では学習と記憶は一体であり，はっきりと区別はできません．

　人間の記憶では，短時間・長期間，ダイナミック・スタティックなど，さまざまな特性が備えられています．外界からの膨大な情報を能率よく処理するために，一時感覚保持（SIS），短期記憶（STM），長期記憶（LTM）の三つのブロックが用意されています．三つのブロックの見方から人間の精神活動を分析し理解すると，人間・機械システムや育児環境の設計のうえで役に立ちます（**図 11.14**）．

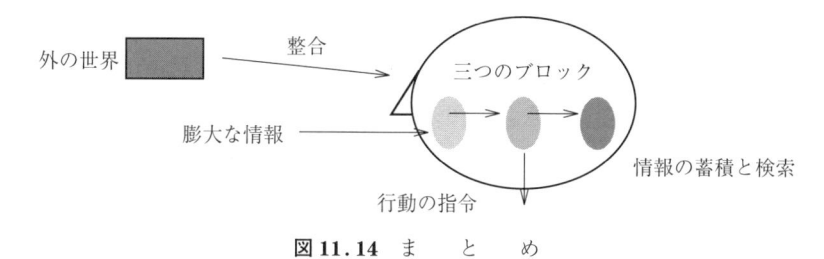

図 11.14　ま　と　め

12 人間と機械の協力

12.1 新しい関係

　人間と機械の関係を原点に戻って考えます．人間は，したいことが自力でできないとき，機械や道具を使います†．古代人は，高い木の実を落とすのに長い棒を使うことを覚え，そして棒を使う技術を親から子へ伝えるようになりました（図 **12.1**A）．

　　　A　人間　対　木の実　　　　　B　人間　対　道具
図 12.1　棒 を 使 う

　簡単には，「棒は手の延長」です．制御の主体が人間で，対象が木の実だとすれば，棒は制御信号を伝達する手段です．私たちは，足の延長として自動車を使い，目の延長として望遠鏡や顕微鏡を使います．機械は，元々は制御信号や計測信号を伝える手段です．

　ところでいくら飛び上がる努力をしても，人間は高い木の実を取ることはで

---

† 「道具」と「機械」は同じです．簡単なものを道具，複雑なものを機械と言う程度の違いです．この本ではだいたい「機械」と言います．

きません。つまり機械は「人間の代理」として，木の実を取るのだという解釈ができます。そして人間と木の実の関係だけでなく，人間がどうすれば棒をうまく扱えるかという「人間と機械」の関係が生じます（図B）。

棒のような簡単な道具でも，知識がゼロの状態から出発してうまく使えるようになるまでには，手足の動作，棒の移動，力の加減などいろいろなことを覚えなければなりません。赤ちゃんが簡単な道具を使うまでの苦労を見ると，実にたいへんなことです。人間が機械を使いこなす能力を獲得しなければ，機械はただの「がらくた」です。

人間が自分の能力を補うために機械を使うと，新しく人間と機械の関係が生じます。そこでは制御の主体は人間，仮の対象は機械です。会社で仕事が忙しくなって応援の人員を雇うと，新しく上司対部下の人間関係が生じます。

普通は，制御と計測の基本図式が人間と機械の間に生じます（**図12.2**A）。しかし場合によっては，制御信号が機械を媒介にして本当の対象に伝わり，計測結果は本当の対象から機械を通さずに直接主体に戻るかもしれません。棒の場合，人間は棒を通して木の実に作用しますが，木の実が落ちたかどうかは直接目で見るでしょう（図B）。

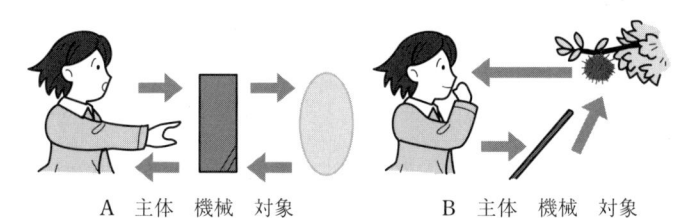

A　主体　機械　対象　　　　B　主体　機械　対象

図12.2 三者の関係

つまり主体，機械，対象の三者の関係であり，機械は制御信号と計測信号のどちらか，または両方を媒介します。それによって，機械はいろいろな役割になります。

12.2 制御可能と計測可能

人間がしたいことをできないときには，いろいろな場合があります。対象の制御不可能部分は元々制御できません。制御路や計測路が不完全で信号が伝わらないことがあります。主体が正しく動作すれば制御できるのに，計測信号を理解できず，あるいは正しい制御信号を送れないことがあります。学習をすれば制御ができるのに，まだ学習ができていないことがあります。最後に，制御ができるのに本人にやる気がない場合があります。これらの場合に人間を助けるのが，機械の役目になります。

主体，対象，信号路には，それぞれの制約があります。さらに外界の現象が確率に支配されているときには，制御は「できる，できない」ではなく，成功率の問題になります。学習をするときも，どのような経験をするかによって進み方が違うでしょう。

さまざまな事情をすべて考慮して議論をすると，複雑になり論点がぼけます。それぞれの問題に応じて重要な点に集中し，他は大まかに考えてよいでしょう。例えば機械を設計するとき，すべての面で理論的限界一杯の設計をするよりも，重要な点だけを精密に工夫し，他の面については，余裕をおいて簡単に設計するほうが賢いのです。

対象が，制御可能（不可能），計測可能（不可能）を組み合わせて四つの部分に分解されることを説明しました（**図 12.3**）。制御は，制御可能部分が相手です。制御不可能部分を制御したいのなら，対象を改造しなければなりません。計測不可能な部分についても同じです。

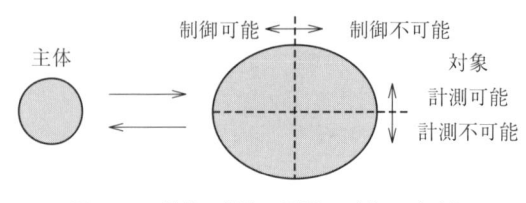

図 12.3 対象の制御・計測の可能・不可能

信号路や主体の事情が加わると，システムとして制御可能，計測可能な部分はさらに狭くなります。厳密ではありませんが，これらの事情をす

べて含めて，制御可能（不可能），計測可能（不可能）などと表現することにします。

12.3　学習ができるか

　生物が自然な状態の中で学習によって制御能力を獲得するのは，それが制御可能かつ計測可能な場合です。制御信号さえ正しく対象に届けば，計測はしなくても制御ができそうに思えます。

　安物の洗濯機は，スイッチをオンにするだけで一方的に洗濯してくれます。しかし高級な洗濯機は内部にマイコンがあり，入っている洗濯物の状態に応じて適切に動作します。よい制御をするためには計測が必要です。

　そして学習を進めるために計測が必要です。制御と計測があって始めて「自分がなにをして，どのような結果になったか」がわかります。成功・失敗を繰り返し，工夫するうちに，「どうすれば制御できるか」がわかってきます。つまりなにも教えられなくても，向上する意欲さえあれば，制御能力ができ上がります。それが自然な状態での学習で，制御・計測の基本図式のとおりです。

　子供はだれが教えなくても，手を伸ばして結果を考え，やがて欲しい物をつかむようになります（図 **12.4**）。大人も「どうすればどうなるか」がわかれば，独りで練習して「字を裏返しに書く」ことができるようになります。

図 12.4　自 然 な 学 習

　対象の中の制御可能かつ計測可能部分について，制御路・計測路が満足に動作し，主体に向上する意欲と能力があり，また擾乱があまり大きくないことが，「自然な学習」の条件です。

人間の制御・計測システムや学習システムの性能が不十分な場合には，機械が支援します．そのときには上の「自然な学習」に近づくことが理想です．

12.4 計測路の支援

主体が対象を制御する能力と意欲があっても，計測が満足にできないと，どの制御信号が正解かわからず，正しい制御ができません．自己流で料理を作っても自分で食べてみれば，どうすればおいしくなるかわかってきます．しかし他人に食べてもらうだけだと，いつまでたってもまずい料理を作っています．客や料理長があれこれ言えば，上手になるかもしれません．他人にかまわず下手なカラオケを歌うナルシストも，自分の歌の録音を聞けば状況を理解できるでしょう．

計測路が不備な場合でも，主体と対象の間に性能のよい外部計測路を追加して対象の状態を主体に知らせれば，前節で説明した自然な学習状態になります（計測路の支援，図 **12.5**）．

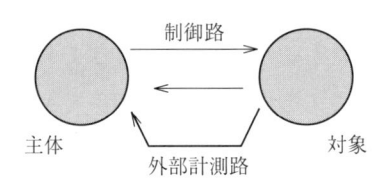

図 **12.5** 外部計測路の追加

外部計測路は，人間でも機械でも性能がよければよいのです．社長が社員の様子を知るには，腹心の部下に聞いてもよいし，情報ネットワークを通して自分で調べてもよいのです．

図 12.5 のように外部計測路の技術を用いる自己制御は，バイオフィードバックと言います．たいていの場合主体が人間で，外部計測路が機械です．機械は体外にあってもよいし，手術をして体内に入れてもよいのです．またいつも機械を携帯してもよいし，訓練のときだけ使って，自分で制御ができるようになったら外してもよいのです．

12.5 制御路の支援

制御をしたいのに制御路が不備な場合があります。そのときは主体の制御行動を他人か機械が助ける必要があります（制御路の支援，代理制御と言ってもよいでしょう，図12.6）。なにかをするとき，本人が下手なのを見かねて，「俺が代わってやろう」というのがそれです。自分でできない仕事を他人に頼むのも同じです。代理役の制御機械は，空調機のように体外にあってもよいし，心臓ペースメーカのように体内にあってもよいのです。

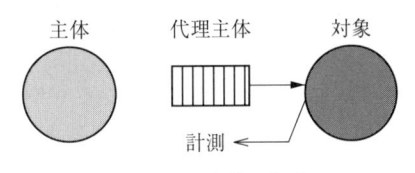

図 12.6 主体の代理

もっとも運動競技や手芸などでは，先生が「手を取って教える」ことがありますが，よく考えるとそれは制御だけでなく，計測の支援でもあります。

代理制御の場合にも，対象の状態を計測することが望ましいのです。計測信号は代理主体が受け取ってもよいし，代理を飛ばして本当の主体が受け取ってもよいのです。エアコンの場合，機械が気温を測り，設定温度に制御するのが普通ですが，まめな人が温度計を見ながら機械のダイヤルを操作してもよいわけです。

12.6 階層構造

制御路，計測路のどちらの支援でも，本来の主体と対象以外に第三者の他人か機械が関係します。主体，対象，代理（支援者）の三つの関係ですが，この場合の代理は，立場として主体と対象の中間に位置します。

平社員が部長の命令によって取引先と交渉するとき，部長，平社員，取引先の三者が関係し合いますが，制御信号と計測信号は，主に部長と平社員，平社員と取引先の間でやり取りされます。つまり図12.7のような階層構造ができ

図12.7 階層構造

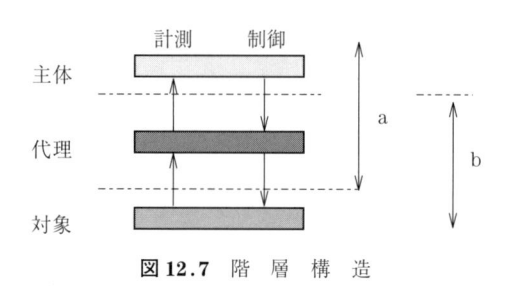

ています。

もちろん部長が自分で取引先に赴いて交渉してもよいのですが、その場合もこの図に含めることができます。計測路の支援（図12.5）や制御路の支援（図12.6）も、この形になります。

図12.7で、代理を主体と一まとめにして主体だと考えれば(a)、対象との間に制御・計測の基本図式ができます。また代理を対象と一まとめにして対象だと考えれば(b)、主体との間に制御・計測の基本図式ができます。つまり代理者が介入しても、基本的な制御・計測の図式には変わりがありません。

中間にある代理者が上手に働くと、複雑な作用や信号を扱うことができます。主体の不備を補うというより、もっと高度の制御・計測機能を実現するために代理者が働くことが可能です。主体と対象のつながり（整合）をよくするための一種のインタフェースだと言えます。

主体が自分のやりやすい制御信号を代理者に送り、代理者がそれを対象の受け取りやすい形に変換します。計測信号も同様です。部長が平社員に一言指示すれば、平社員は自社の事情を詳しく取引先に説明して交渉します。取引先からの状況は、わかりやすく要約して部長に報告するでしょう。

実世界の交渉事では、仲介者が調子よく誇張した表現や嘘を使ってうまく話を進めることもあります。階層構造では、代理者の整合や信号変換の役目が大事です。

12.7 この章のまとめ

人間は「したいことができないとき」に、機械や道具の助けを借り、いろいろな機械を発明しました。それは制御・計測の手段を拡大するためでしたが、機械を導入することによって、人間と機械の関係が新しく生じました。

制御ができるかどうかは，主体，信号路，対象それぞれの事情によって決まります。それらが満足な状態にあれば，「自然な学習」ができます。どこかに不備があるときには，代理者（機械あるいは他人）が助けることになります。

計測路の支援，制御路の支援などに代理者（たいていは機械）が介在すると，人間，代理者，対象の三者が関係し合います。機械は信号を仲介して制御・計測の足りないところを補うだけでなく，制御信号と計測信号を主体や対象に合うものに変換し，主体と対象の関係をより円滑にすることができます。

三者の関係は，主体，代理者，対象の階層構造として表現することができます。階層構造を見直すことによって，制御・計測の基本図式に戻ることができます（**図 12.8**）。

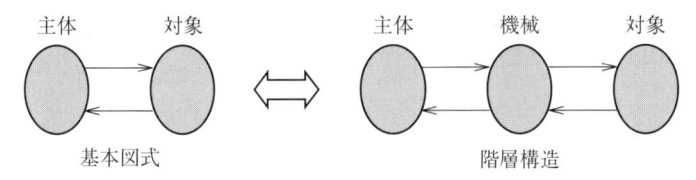

図 12.8 基本図式と階層構造

13

自分自身を制御する

13.1 自 己 制 御

　自分の心や体を制御することを,「自己制御」と言います。人類は地球に出現して以来，自分の体を上手に使って動き回り，環境の中で生きる工夫をしてきました。

　赤ちゃんは生まれてからしばらくの間，手足，姿勢，歩行など自分の体を上手に動かすことを苦労して学びます。この間に，幼児特有の不思議な反射運動が現れたり消えたりします。本人が意識しないうちに，神経回路が作り直されているのです。大人と同じように姿勢を保持し，運動する能力を獲得するまではたいへんな苦労ですが，その学習は，この本で言う「自然な学習」で，その仕組みや心構えは遺伝によって用意されています。

　大人になると，曲芸や手品の難しい動きをものにしようと考え，スポーツに打ち込んで体を鍛えます。また普通にはできない「耳を動かそう」,「後ろを向いて走る」,「血圧を下げよう」など難しいことに挑戦します（図 13.1）。

図 13.1 「耳を動かそう」

　自然の中で心穏やかに生活しているときには，自分の心をどうしたいなどとは考えないかもしれません。しかし昔から人々は，自分の心を上手に導こうとしていろいろ工夫をしています。

　狩りや戦いに行く前には仲間同士で励まし合い，失敗や不幸があると仲間を慰めます。酒や歌は連帯

感を保つ手段になります。身を飾り，鏡を眺める自己陶酔も昔からあることです。座禅，武道，宗教なども，高い境地での自己制御と見ることができます。

文明生活に入ると機械とのやり取りが増え，また人間関係に気を使うことが多くなりました。理屈で物事が決まり，情緒が薄くなり，望みどおりにならない社会では，気持ちが食い違い，期待が外れ，ストレスに悩むことになります（図 13.2）。

図 13.2　現代社会とストレス

現代社会では，与えられた枠の中で自分の心と体を上手に制御し，他人や環境と折り合いをつけながら生活しなければなりません。心と体の自己制御は，生きるために必要です。自己制御が下手だと，悪い結果が自分に戻ってきて，さらにストレスを生じます。

13.2　機械の支援

いまの世の中では心と体の自己制御が必要ですが，私たちはそういう生活にある程度慣れています。日常生活の中で私たちは失敗し，怒られながら自己制御の訓練を積んでいます。そこでは機械が特別な役をして人間を助けるわけではありません。

しかし人間はいつでも自分だけで処理しているのでもありません。好きな音楽をかけて気を静め，酒場の雰囲気に身を任せてしばらく現実を忘れることもあります。

将来は，自己制御のために機械を合理的に利用するようになるでしょう。機械は冷静に状況や本人を観察できます。人間は失敗したときに反省すべきです

が，不必要に深く落ち込むべきではありません。反省して結論が出たら，早く前向きの気持ちになって行動してほしいのです。

機械は制御と計測の脇役として人間を助けることができますが，それ以上に人間に密着して，本人の行動と状態を記録・分析して掘り下げ，個性を考慮しながら助言し，激励して，人間をより合理的な行動に誘導することができるでしょう（図13.3）。

図 13.3 機械の支援

制御路，計測路，主体の気分・思考など，機械が助ける場面はいろいろあります。また機械を使っている間に人間の心も体も変わります。人間と機械の関係の現在と将来を，よく考えなければなりません。

13.3 自分の状態を知る

私たちは日常的に自己制御の訓練を受けています。やってみて失敗し怒られると要領がわかり，上手に行動するようになります。しかし失敗はまわりの人達に迷惑をかけ，怒られると自分のストレスになりますから，ほどほどにしたいものです。

自己制御の訓練を積むためには，もちろん心構えと努力が必要ですが，他人に迷惑をかけないで自分の状態を知ることも重要です。ここで機械の出番があります。

体の動きは鏡や動作解析用のビデオシステムを使えばわかり，どこを直せばよいかまで教えてくれるでしょう。詳しいデータが必要なら関節角度や筋緊張などを計測できます。計測技術については掘り下げませんが，記録を保存し解析すれば，学習の進み具合や訓練方法との相性も判断できます。

訓練で疲れ反応が鈍いときにも，機械が判断して環境を調整し，本人にアド

バイスできます（図 13.4）。本人のやる気や疲労を把握することも重要です。

気持ちや精神そのものの計測はできませんが，間接的に関係のある量を調べるとだいたいはわかります。特に特定の人について続けて計測していれば，状態の変化はよくわかります。脳波，心拍数，呼吸数，皮膚の電気的性質，眼球の運動など，さまざまな現象を計測して精神状態を探ることができます。

図 13.4　本人の状態

13.4　バイオフィードバック

自己制御の訓練中も訓練後も，自分の状態を知ることは大事です。自分で自分の状態がよくわからないときに，機械か他人が脇役として計測路を支援すると助かります。第三者が計測路を支援して自己制御の訓練をする技術が，バイオフィードバックです。

「肩の力を抜いてリラックス」と言われてもなかなかうまくできません。しかし電子装置を使い，肩の筋電図を音に変換して耳で聞けば，肩の力具合がわかります（図 13.5A）。音を小さくするように姿勢や気持ちを工夫すると，要領がわかってきます。最近はだれでもパソコンを使います。背中や肩に不必要に力が入りますが，この技術を使えば筋の疲労を防ぐことができます。

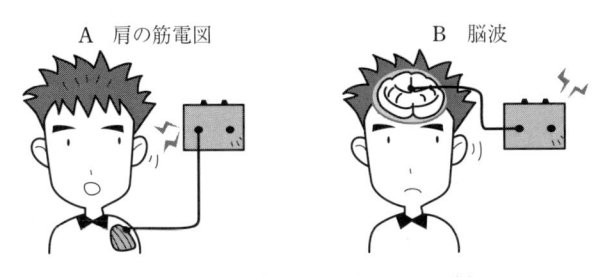

A　肩の筋電図　　　B　脳波

図 13.5　バイオフィードバックの例

13. 自分自身を制御する

　安静状態の脳からはアルファ波が発生します[†]。電子装置を使って脳波からアルファ波を取り出し，音に変換して耳で聞けば，自分が安静かどうかわかります。安静になったときに音が大きくなると気持ちを乱しますから，アルファ波が出ると音が小さくなるように機械を設計します。音が小さくなるように気持ちを工夫すると，安静状態に入ります（図 13.5B）。これらは代表的なバイオフィードバックです。

　バイオフィードバックは，「自分にわからない心身状態を機械によって知り，その制御能力を獲得する」ことだと定義されます。ここで機械は，目的の現象そのものを計測すると期待されています。つまり筋電図は筋緊張そのものであり，アルファ波は脳活動そのものを表すことを前提としています。この前提には問題がありますが，細かいことは抜きにして，訓練の実を上げようというのが普通の考え方です。

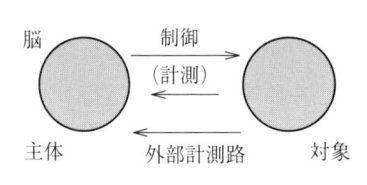

図 13.6 外部計測路の追加

　バイオフィードバックでは，制御路が存在し，計測路が不備だという前提です。ここへ機械による外部計測路を追加すると，制御・計測の基本図式が回復し，「自然な学習」が可能になるはずです（**図 13.6**）。

　バイオフィードバックは，筋緊張や脳活動以外にもさまざまな心身現象に応用されます。体温，血圧，皮膚電位，発汗，涙，運動，発声などを制御する試みがあります。医療では主として心身の緊張を解く形で治療に応用されます。座禅などの精神的訓練，スポーツの速い難しい動き，微妙な指の感触の会得など，難しい問題だけでなく日常生活に数多く応用の機会があります。高齢になって姿勢・運動の感覚が鈍ったときに，簡単な器具を使って補うこともできるでしょう。

[†]　アルファ波は 10 ヘルツ程度の波で，脳が安静状態であることを示します。

13.5 バイオフィードバックのモデル

付録A.5に,バイオフィードバック訓練の簡単なモデルと解析を示します。その結果として,つぎの性質が導かれます。これは常識ともよく一致します(図 13.7)。

a. 制御路,計測路が両方とも質がよければ,自力だけで学習が進みます(自然な学習)。つまりバイオフィードバックは必要ありません。

b. 制御路の質がある程度よければ,計測路の質が悪くても,質のよい外部計測路を付けることによって学習が進みます(バイオフィードバックが有効です)。

c. 制御路の質が非常に悪ければ,外部計測路を付けても効果はありません(バイオフィードバックは効果がありません)。

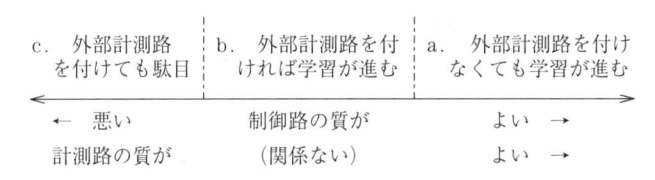

c. 外部計測路を付けても駄目	b. 外部計測路を付ければ学習が進む	a. 外部計測路を付けなくても学習が進む
← 悪い	制御路の質が	よい →
計測路の質が	(関係ない)	よい →

図 13.7 バイオフィードバックの有効な範囲

以上は一般的に通用することでしょう。つまりある程度の制御能力がないと,バイオフィードバックの効果はありません。また自然な学習ができる場合a.にはバイオフィードバックは必要でありませんが,使えば訓練が速く進むと期待されます。

13.6 バイオフィードバックの実際

バイオフィードバックを実行するには,生理現象を計測し,信号を処理し,結果を本人へ呈示する装置が必要です。電子装置でも簡単な道具でも,バイオフィードバックは実行できます。鏡に自分を写せば姿勢がわかります。電子装

置を使えば信号を加工して，脳波のアルファ波のような特別な成分を抽出できます。擾乱によってデータに揺らぎが生じれば，平均をしてそれを消すことができます。

制御信号を受けてから本人の反応が生じるまでにいくらか時間がかかりますが，信号を処理するとさらに時間がかかります。例えばある時間にわたって平均をすると，その時間が終わるまでは結果が出ません。主体から言えば，制御信号を送ってから少し遅れて結果が帰ります（図 13.8）。

制御信号を 1 回送っただけでじっと結果を待っているのなら，たいして問題はありません。しかし自動車の運転のように，少し前の結果が帰るのを待たずにつぎつぎと制御信号を送ると，どれがどの結果かわからなくなります。

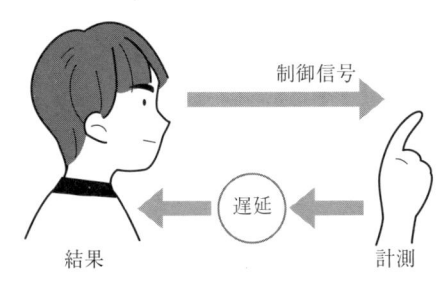

図 13.8 計測の遅れ

連続して制御信号を送るとき，計測信号が遅れて帰っても人間が因果関係を判断できる限界は，問題によって違いますが，だいたい 1 秒までです。これより遅延が大きくなると，判断・制御能力が落ちます。信号処理によって現象の先行きを「予測」することも，ある程度可能です。予測がうまくできれば，遅延を打ち消すことができます。

計測結果は，本人にわかりやすく呈示しなければなりません。人間が受け取ることのできる情報量は意外に少ないのです。「たくさん情報を呈示すれば，人間はその中から必要なものを選ぶだろう」と思うのは間違いです。必要なものを選ぶことに努力すると，その分だけ情報受理能力は低くなります。

実際の治療・訓練の場合には，数日に 1 回施設に通い，装置を付けて訓練をします（図 13.9）。1 回の訓練では能力が十分には成長しませんし，装置を独り占めにできませんから，いったん自宅に帰り数日後にまた訓練をします（このスケジュールを訓練プロトコルと言います）。そのうちに装置なしで制御ができることを期待します。

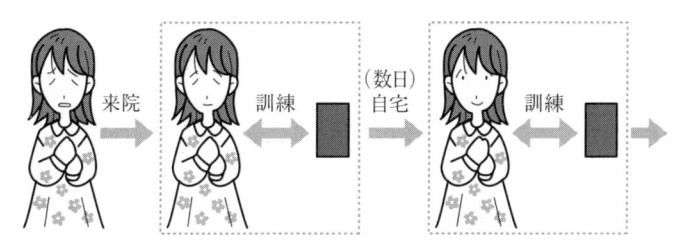

13.9 訓練プロトコル

　バイオフィードバック訓練が進み，本人が正しい制御をできるようになれば，装置を取り外しても制御能力は残っています。しかし電子技術が進歩して小型軽量の装置ができれば，本人の専属にして携帯していてもよいでしょう。そうなると訓練の形も変わってくるはずです。

13.7　記　憶　の　役　割

　バイオフィードバック訓練中の記憶では，本人と機械のやり取りを短期記憶（STM）が担当します。訓練中は，たいていはS字形の学習曲線に沿って効果が上がります。しかしあまり訓練を続けると疲れますし，他の人も装置を使うでしょうから，訓練をいったん中断して自宅に帰ります（図13.9）。

　この中断はただの休憩ではありません。訓練で得られたことをSTMで繰り返し思い出し，整理して長期記憶（LTM）に固定することを期待しています。学校でも授業をどこまでも続けることはなく，中断期間を置きます。それは生徒が復習をすることを期待しているのですから，前に習ったことを忘れただけでつぎの授業に来たのでは，意味がありません。中断の間にはときどき「きっかけ」を与え，連想によって訓練内容を思い出すと効果的です。

　再び訓練を始めるときには，前回までの成果をLTMから呼び出して，その上に訓練を重ねる必要があります。また訓練が終了してから機械なしで正しい制御信号を発生するときにも，LTMの内容を呼び出す必要があります（**図13.10**）。このように訓練を完成し成果を活用するためには，STMとLTMが

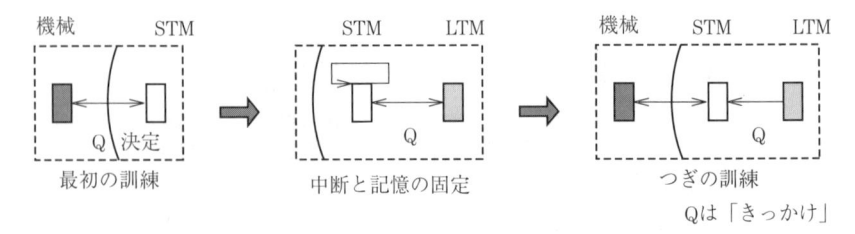

図 13.10　バイオフィードバック訓練と記憶

連携協力する必要があります。

　訓練内容が「力の入れ方」といった抽象的なものであるときには，それを具体的な情景と結び付けると，記憶・想起に効果があります（イメージと言います）。「肩の力を抜く」要領は「泡の中をふわふわと浮いている」ことだと思い，「石鹸の泡」と記憶すると，つぎの機会には自然に思い出すことができます（図 13.11）。

図 13.11　イメージ

　イメージは本人にとって意味の深いことを，視覚，聴覚，触覚に訴えて関係づけるべきです。声や音楽もよいでしょう。訓練の早い時期に関係を固定し，同じイメージを繰り返すことが大事です。

　このようにバイオフィードバックには人間の情報処理や記憶のさまざまな面が関係します。直接なにかに利用するのでなく，人間の思考過程そのものを研究する手段としても，バイオフィードバックは役に立ちます。

13.8　生体の改造

　対象の制御不可能な部分は制御できません。しかし対象を改造できる場合が

あります．外科手術をして臓器を改造し，あるいは新品の人工臓器と交換することがこれから盛んになります．臓器を全部取り変えるのも改造ですが，ふさがった流路を通し，骨の形を変えるのも対象の改造です．対象の計測不可能な部分を改造することも考えられます．

対象が制御可能であっても，制御路や主体の性能が不十分だと制御ができません．その場合には機械に代理制御を頼みます．この機械は取り外すことはできません．

心臓ペースメーカのように，極端な場合には機械が人間の生命の鍵を握ることもあります．そうなると人間と機械の間には微妙な心理的関係が生じます．機械が正しく動作していることを知ると人間は安心ですが，細かなことは知らないほうがよいでしょう（図 **13.12**）．

図 13.12　心理的問題

13.9　人間と機械の一体化

最近の携帯電話を見てもわかるように，電子機器はますます小型で高性能になります．人間と機械を長時間電気的に接続することには技術的な問題がありますが，それもいずれ克服され，装置を携帯し，あるいは体内に入れられるようになります．現在のバイオフィードバックでは訓練が終われば装置を外しますが，将来は装置を付けたままでよくなります．

人間が機械を装着して能力を増強する技術は，義手，心臓ペースメーカなどとしてすでに利用されています．眼鏡や補聴器もそうだと言えます．機械と人間の融合・一体化はシンビオシスと言います[†]．現在の技術の目標は個体と機械

[†]　syn＝共に，bio＝生物，sis＝すること．

の融合ですが，つぎの段階には臓器・細胞と機械の融合に発展するでしょう。

シンビオシスを進めると，人体を改造して能力を高めるだけでなく，新しい機能を作り出すことができます。現在でも陸上競技用の義足を付けた障害者が，健常者選手よりも速く走ります。また人間は放射線を受けて危険になっても，放射線を感じないので逃げません。体内に放射線センサと刺激装置を入れて，「放射線を浴びると痛い」感覚を作れば，自然に逃げるようになります（**図13.13**）。他にも「車が後から来たら感じる」能力などがあれば便利でしょう。

図13.13　新しい感覚

13.10　この章のまとめ

人間は昔から，自分の心と体を制御しようと努めてきました。また現代社会では，複雑な体の動きを習得し，人間関係や機械との付き合いから生じる心のひずみを和らげるなど，積極的に自分の心と体を制御することが望まれます。私たちは日常生活の中で自己制御をするよう訓練されますが，機械が助けてくれると役に立ちます。

自己制御が困難になる原因は，主体，制御路，対象，信号路などいろいろです。問題を把握して機械が支援すべきです。その中で対象の状態を計測し，計測路の支援する技術がバイオフィードバックです。バイオフィードバックは医療を始め多くの問題に応用され，また心の側面を推定するよい手段です。バイオフィードバックでは，記憶，イメージの役割りが大事です。

電子装置によって，計測・分析・呈示の技術が進歩します。信号処理は時間遅れを伴うので注意が必要です。装置が小型化すれば，常時携帯し体内に入れることが可能になります。これからは，人体を改造して制御不可能，計測不可

能な状況を解決し，また新しい機能を人体に作りこむこともできるでしょう（図 13.14）。

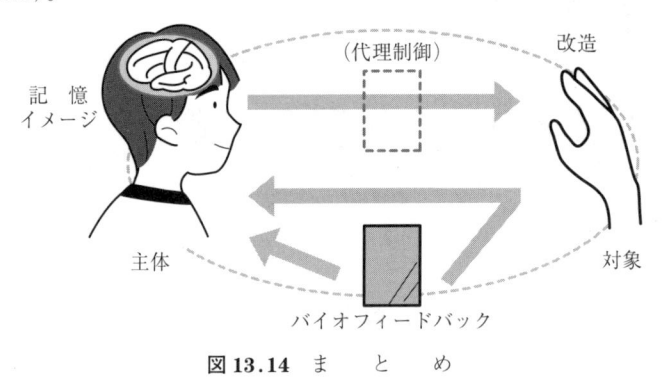

図 13.14 ま と め

14

情報マシンとしての人間

14.1 情報処理マシン

　制御・計測では，主体と対象の間で作用や信号がやり取りされます。人間が機械を運転するときには，人間はコントロールパネルを操作して機械に作用を与え，ディスプレイを見て機械の状態を知ります。つまり力や光などの物理量がやり取りされます。

　ここで注意してほしいのですが，力や光などの物理量は命令・報告といった情報を運んでいます。人間から機械へは制御信号として情報が送られ，機械から人間へは計測信号として情報が帰ってきます。つまり制御・計測は，「主体と対象の間で情報がやり取りされる」ことだと解釈されます。

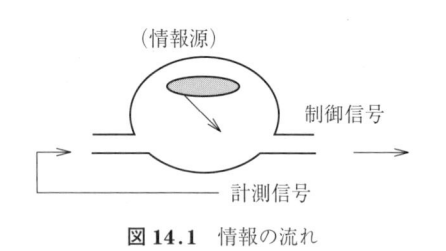

図 14.1 情報の流れ

　制御と計測を通して学習をする過程では，主体は制御信号を送って計測信号を受け，よく考えてつぎの制御信号を送ります。つまり人間は，計測信号に反応して制御信号を送出する一つの情報マシンだと考えることができます（**図 14.1**）。

　人間は考えた結果として，ただ情報を通過させるのでなく，新しく情報を作り出して流れに加えるかもしれません。

14.2 情報量と信号路容量

情報量については付録A.1に説明があります。情報とは，「サイコロを振ったら2が出た」，「天気は晴れ」というように，「不確かなことを確定させる」量です。「太陽が東から上がる」という当たり前の報告は，すでに確定したことですから，情報量がゼロです。

情報量は水やお金と同様な「もの」で，湧(わき)出し口や吸込み口（正と負の情報源）がありますが，情報源がなければ勝手に湧いたり消えたりすることはなく，情報量は変化せずに運ばれていきます。情報量の単位はビットです。

情報を水だと思うと，信号路は水道管です。水の流れと同じように情報の流れは1秒当りに流れる情報量（ビット/秒）で表されます。管が太ければ水は全部相手側に届きますが，管が細いと水を全部は送れません。あふれた水は捨てられます（**図14.2**）。

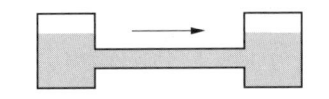

図14.2 管と水流

管の太さは送ることのできる最大の流量（ビット/秒）で表現され，信号路容量と言います。ただし送ることのできる情報量は信号路容量だけでなく，信号路の入口，出口がそれぞれ送り側，受け側に適切に接続されているかどうかにも，影響を受けます。

自己制御の場合には主体，信号路，対象が同じ体の中にあります。情報の流れが問題になるのは，主に人間対機械，人間対人間の場合です。つまり人間が情報を外へ送り，外から情報を受け取る場合です（**図14.3**）。この章では人間を出入りする情報量を考えます。これはシステム設計で重要な基礎データです。

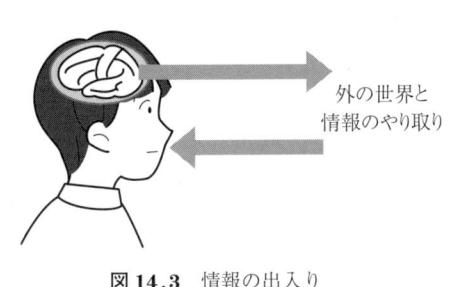

図14.3 情報の出入り

14.3　情報を受け取る

人間が外部から情報を受け取るときには，記憶のブロック図が重要です（図 14.4）。復習しますと，人間の記憶（思考）には，「見た・聞いた」という感覚レベル（SIS），「円形，A という字」という認知レベルと，法則を発見する認識レベル（主に STM）があります。知識や経験は LTM から STM に呼び出して利用します。

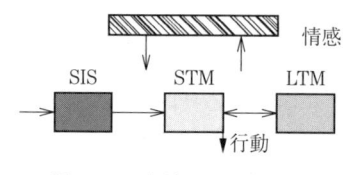

図 14.4　記憶のブロック図

つぎの定数が重要です。SIS での情報保持は 0.2 秒程度，SIS ⇒ STM の信号路容量はわずか 100 ビット/秒程度，STM ⇒ LTM の信号路容量はさらに小さく，1 ビット/秒程度です。

これらの感覚・認知・認識レベルの上に，「楽しい，つらい」という情感レベルがあります。情報を受けるとなんらかの情感が生じ，情感は精神活動を活発あるいは不活発にします。情感は人間の精神活動の原動力だと言えます。

14.4　感覚レベル

人間は，非常に広い範囲の物理量を感じます。人間が光として感じるエネルギーの最大値と最小値の比はなんと 10 億倍，音として感じるのは 1 兆倍にもなります。しかしその範囲を同時に感じるのではありません。夜には星の光を見ますが昼には見えません。

物理量の変化をどの程度感じるかを調べると，最大で光は 600 段階，音は 300 段階，振動で 15 段階程度です。どの量についても横軸にエネルギーを対数目盛，縦軸に人間が感じる強さを直線目盛でとると，だいたい直線になることが知られています（図 14.5，ウェーバー・フェヒナーの法則）。つまり人間が感じる変化の強さは，エネルギーの割合（パーセント）で言うとだいたい一

定なのです。

　以上は単色光や単音の強さについての感覚です。光の場合には色，図形，紋様など，音の場合には音色（周波数）などを組み合わせると情報量が増えます。組み合わせの影響は少し複雑で，例えば音の場合には，感じ取れる音色の変化は，元々の音色，音の大きさ，持続時間などによって変わります。大きさを何通り，音色を何通り感じ分けられるといっても，組み合わせて何通り感じるかは掛け算になりません。必要があれば詳しい資料を参照しなければなりません。

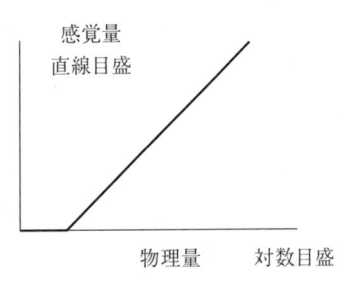

図 14.5 感覚の強さ

　そのようなわけで，一般論としてはだいたいのことしか言えませんが，さまざまな要素を組み合わせると，感じ分けられる変化数は 1 けたないし 2 けた増えるとしてよいでしょう。多様な入力は，処理が認知・識別レベルに進んだときに影響があります。

14.5　認 知 レ ベ ル

　SIS からの情報を受け取って認知し判断するのは STM です。SIS からの情報は少量ですし，判断のために LTM から記憶を呼び出す必要があります。そのために認知レベルで利用できる情報量はごく少量になります。

　図 14.6 は，いくつかの文字・記号を同時にごく短時間（0.1 秒以下）呈示し，後でそれを答える実験です。大量の情報を呈示すると SIS に全部が蓄えら

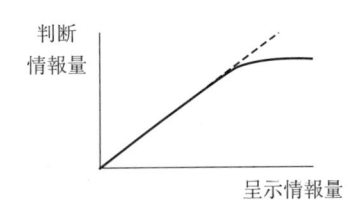

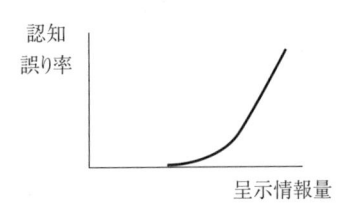

図 14.6　判断する情報量　　　　　　**図 14.7**　呈示情報量と誤り

れますが，少しずつSTMに送っている間に時間切れになり，残った情報は消えてしまいます。

SISには大量情報が収容できますが，漫然と呈示するとどれをSTMに送るかを判断するのが負担になります。STMへ送る情報を指定しておくと効果があります。アンダーラインや赤字などの工夫がそれです。しかし注意する点が多すぎると，注意しないのと同じことになります。

図14.7では多数の文字を覚えてもらいます。つぎにいろいろな文字を一つずつ短い間隔で提示し，覚えた文字かどうかを判断してもらいます。しかし記憶する文字を増やすと，あるところから判断の誤りが急に増えます。これはLTMから記憶した文字を呼び出して入力と照合する時間と，文字の提示間隔の関係です。

14.6　情報の記憶と貯蔵

STMは入って来た情報を整理し，大事なことをLTMに蓄えます。LTMから必要なものを探して呼び出すのもSTMです。STMは精神作業の中心ですから，その負担を減らすことは大事です。

STMには記憶セル（チャンク）が七つあり，それぞれ一つずつの概念や出来事を収容します。いくつものことを出来事にまとめて一つのセルに入れることができ，大量の情報を蓄えることもできます。しかし大量の情報を蓄えさえすればよいわけではありません。

STMは，リハーサル（循環）によって情報を保持しながら，いくつかのセルの内容を比較・総合し判断します。たった7個のセルを使って判断するのですから，情報をよく整理してSTMに入れることが鍵になります。

走る列車の窓から景色をぼやっと眺めていると，景色の記憶はせいぜい数秒間しか保持されません。しかし同時通訳者はSTMだけを使って，何秒間もの翻訳を流れ作業で続けることができます。それは同時通訳者が高い記憶能力を持っているからではなく，「メリハリ」をつけて大事なことだけを順序よく記

憶し処理するからです。機械が情報を人間に呈示するときも，順序よく整理して提供すればSTMは助かります。

長期間の記憶をするのはLTMです。STMからLTMへの信号路はきわめて狭いので，LTMにはごく限られた情報だけが蓄えられます。

単語をつぎつぎと呈示し，それを全部記憶するように努力します。呈示が終わったときに思い出すよう求めると，全部は出てきません。何回か平均をとると，**図14.8**のようになります。一連の単語列の始めと終わりは成績がよく，中間は低く平たんです。この曲線はつぎのように解釈されます。

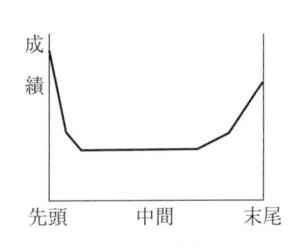

図14.8 単語列の記憶

全部の単語を覚えようとしますので，STMの内容がLTMに送られます（先頭），しかし信号路はすぐ一杯になって，入らない情報は捨てられ，たまたま信号路が空くと情報が送られます（中間）。呈示が終わったときにはSTMに情報が残っており，それは答えられます（末尾）。この説明でわかるように，中間の平たん部の値は情報の呈示速度に関係します。機械から情報を人間に提示するときに，呈示速度があまり速いとうまくいきません。

14.7　認知・判断の能力

STMは情報を受け取ると，それに基づいて行動を起こすか，記憶に残すかなどを判断します。場合によってはLTMから情報を読み出し，リハーサルもします。判断に何秒かかるかは一概に言えません。複雑な判断を要求すると長い時間がかかります。簡単な判断でも0.2秒くらいは必要です。

陸上の短距離競技のスタートは，「やま勘」で飛び出します。正直にピストルの音を確認してから飛び出したのでは，大きく出遅れます。人間の認知・判断の速度は，機械と比べると非常に遅いのです。制御・計測システムの設計でこのことは重要です。

単純に光や音の強さだけでなく，色，図形，紋様，あるいは音色などの要素を組み合わせると，情報量が増えます。しかし情報量が多ければ判断しやすいのではありません。作業に見合う情報量が理想です。

白服の人たちの中に赤い服が一人居るというように，注目してほしいものが特別な性質を持つと，注意を引きます。単純音を聞いているときに違う音色が混じれば，すぐにわかります。古代人の場合，風の音の中に猛獣のうなり声が混ざれば気が付くことが必要ですし，森の中に敵がいれば色の違いや動きを見つけることが必要です（**図 14.9**）。異質なものを見分ける能力がそのような必要から生じたのでしょう。

図 14.9 複 合 音

得意ではありませんが，人間は並列に入って来た情報を総合できます。警報を光と音で同時に知らせると，より確実になります。

人間は単純な音や光に対して，数百段階の変化を感じとることができます。それは聞いている音や見ている光の強さが変わった場合のことで，相対的比較と言います。これに対して「昨日聞いた音と比べて」というように，時間的あるいは空間的に離れた大きさを比較する場合もあり，絶対的比較と言います。

相対的比較の数百段階と対照的に，絶対的比較では光，音，振動の強さを識別できるのは，わずか5段階程度です。つまり人間は物理量のごくわずかな変化を感じとりますが，二つの量を直接に比較しないと能力は非常に低いのです。聞いている音がわずかに変わるとすぐわかりますが，絶対音感で「ドの音を」などと言うと頼りないものです。世論調査，学校の成績，病院の検査などでは5段階評価をよく使いますが，これに関係があるのでしょう。

原始時代の生活では，「敵は強いか弱いか」，「この荷物は何人で運べるか」という程度の粗い判断でよかったのです。現在の私たちもその能力は変わりません。「たくさん数字を並べておけば詳しく判断できる」と思うのは間違いです。

14.8 情報の呈示

信号路を通して送る情報量は，基本的には信号路容量によって制限されます。しかし信号路の端の人間が情報を受け取るときには，人間の情報受理能力によって情報量が制限される場合が多くなります。

人間の情報受理能力は情報の呈示方法によって変わりますから，情報端末の設計は大事です。情報を楽に受け取ると仕事の能率が上がり，また機械を使うのが楽しくなります。

前節の説明のように，人間は絶対値を判断する能力が低いのです。**表 14.1** は，単純な呈示形式の場合に人間が受け取る情報量です。絶対評価では 5 段階表示をよく使いますが，5 段階は情報量に換算すれば約 2.3 ビットです。判断するのに必要な時間を仮に 1 秒とすれば，表の値はだいたい 5 段階評価と同じです。

表 14.1 簡単な表示（ビット/秒）

視覚	棒の長さ	4
	色相	2
	点の位置	5
聴覚	単音周波数	2
	大きさ	2

表 14.2 音声の情報量

単語数	ビット/秒
4	7
256	27
5 000	30

表 14.1 は単純な一つの項目についての値ですが，「位置と長さ」というように項目を組み合わせれば，人間の受け取る情報量は増えます。しかし注意を分散すると能力が下がりますから，足し算ほどは増えません。

一方，人間が使い慣れた形なら注意が要りませんから，大量の情報が送れます。日常生活では，話し言葉や人間の顔などを使って短い時間に複雑な情報がやり取りされます。

表 14.2 は使う単語数を限定して話すときに人間が受け取る情報量です。表

14.1 に比べると大きく，実際にはさらに感情についての情報もやり取りされるでしょう。

14.9　情報を送出する

図 14.10 では，人間がハンドルを操作して，遠くの機械に情報を送ります。ハンドルには目盛があります。目盛が 0，1，2 であり，そのどれかに合わせろと言われると，比較的簡単でしょう。目盛が 0 から 10 まであり，その一つに合わせるのだと，少し困難で時間もかかります。このくらいが限界でしょう。つまり人間が楽に扱う情報送出量は 10 程度（やはり 2～3 ビット）が限界です。

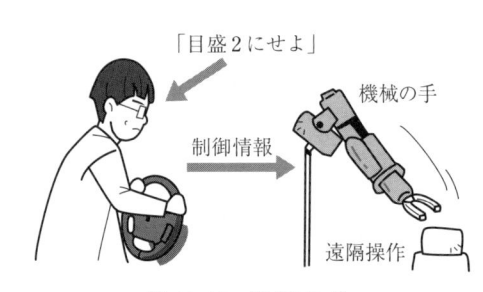

図 14.10　遠 隔 操 作

目盛が粗ければ速く合わせることができますが，細かいと時間がかかります。送出される情報量は 1 秒当り（ビット/秒）で考えるべきです。ハンドルを回して目盛に合わせる時間を 1 秒程度とすれば，上の 2～3 ビットは，人間の情報送出速度が 2～3 ビット/秒程度だということを意味します。さまざまな場面で人間の能力を調べると，だいたいこの程度です。

表 14.2 からわかるように，声や顔で制御信号を送っても機械が受け取ってくれるなら，もっと大量の情報が送れます。しかし間違いがないように「正しく，はっきりと」と言われると，あまり情報は送れません。5～25 ビット/秒が限界です。しかし将来の技術によって，個性に対応して正

図 14.11　フィードバック

確に情報を受け取る機械ができれば，大量の情報を楽に送れるでしょう．

　ハンドルを手加減でなく，制御信号を表示によって確かめながら操作すればかなり楽です．この場合の情報送出能力には，人間の情報受理能力が関係します（図 14.11）．

14.10　学習過程と情報

　一つの問題について制御と計測を繰り返して学習をするとき，情報の流れは図 14.12 のようになります．主体としての人間には，計測信号が入り制御信号が出て行きます．脳の中で情報源から情報が出る（つまり新しい可能性を考える）と情報量が増えますが，そうでなければ増えません．対象でも同様のことになります．

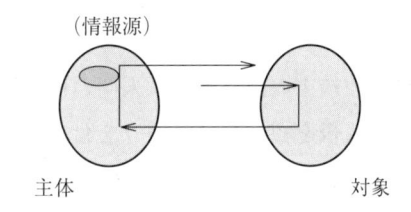

図 14.12　情報の循環

　主体も対象も情報を付け加えずに，入って来た情報になんらかの処理をして信号を送出するだけだと，情報量は増えることはなく，循環する間に減っていき，やがて小さな値に落ち着くでしょう．

　情報量が少ないとは，出来事が当たり前，つまりほとんど決まっていることです．単純に経験と学習を繰り返すと，最終的には世の中の出来事はすべて「当たり前」になり，とるべき行動も一定に決まります．つまり学習は一段落するわけです．

　簡単な行動の学習ならこれで完成でしょう．しかし工夫をする人は，信号が「当たり前」になると「ここまでの結論は出た，つぎはこうしてみよう」と，制御信号の範囲を広げて新しい知識を求めます．

　このとき脳の中の情報源が活動し，不確定さが増えた分だけ情報量が増加します．情報量が増えると信号路もそれだけの太さが必要です．つまり能力を高めるときには，それなりの環境を用意することが必要です．

対象が人間だと，主体と同じように情報量を追加するかもしれません。なんらかの理由で対象の反応条件が不確かになれば，循環する情報量も変わってきます。

14.11　この章のまとめ

人間を含む制御・計測システムの構造と動作を，情報の立場から考えることができます。人間が情報を送受する能力は，1秒に数ビットないし数十ビットという値であまり大きくありません。これは制御・計測システムを設計するときに注意すべきです。

情報端末の設計では，人間の情報特性をできるだけ定量的に考慮すべきです。情報を複合しメリハリを付けると，認知・判断を助けます。しかし人間は，時間・空間的に離れた量を比較するのは苦手ですし，多数の中から必要なものを選ぶことは負担になります。さまざまな面で機械は人間を助けることができます（図 **14.13**）。

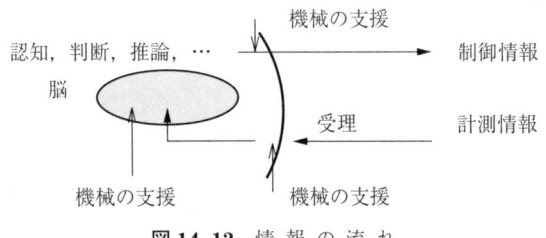

図 14.13　情報の流れ

15

人間を助ける機械

15.1 人間のパートナー

　人間は道具や機械を考案し，制御と計測に利用してきました。基本的な考えは機械を使って能力を拡大し，新しい能力を作ることです。この考えはこれからも続くでしょう。

　ここまでの機械は，まだ人間にとって単なる「外部の物」，「召使い」です。子供が棒を振り回しているならそれでよいでしょう。しかし機械や道具を注意深く使うようになると，日曜大工の工具にも「個性」があることに気が付きます。機械を上手に使うためには，機械を仲間とし，その性質を理解しなければなりません。

　楽器演奏の名人やカーレーサー，また「人馬一体」の騎手の場合には，機械が（馬も）人間と一体になって動作します。つまり人間と機械は，使う・使われるだけでなく，「たがいに気持ちが通じる」段階に到達します。

　機械が人間の制御・計測を助けるとき，人間，対象，機械が階層構造を作り，三者関係が生じることを説明しました。機械は主体と対象の中間に入り，制御信号・計測信号を仲介して両者の間を円滑に取り持つという大事な役をします。

　ここで人間と機械の関係が生じます。人間は機械が対象であるかのように相対し，機械をよく理解して円滑にやり取りすべきです。機械も人間にわかりやすく親しみやすくあるべきです。

15. 人間を助ける機械

　人間と機械の相互理解は制御・計測以外のさまざまな場面で進みます。機械はしだいに人間の思考過程に入り込み，人間とともに状況を理解して協力するようになります。仕事が忙しいので補助員を雇うと，職場にはまず人間関係が生じます。そして雇った人が有能だとやがて重要な仕事を担当し，上司と意思を通じて協力するようになります。

　機械も進歩し，やがて人間のパートナーになり，人間と対象の間に入るというよりは，手を携えて対象に相対する形になるでしょう（図 15.1）。人間と機械では思考形式がまったく違います。考え方が違う二者が協力するのは非常に効果的です。

　パートナーとしての機械は，人間にわかりやすく親しみやすい存在になり，また自分が対象について理解したことを，人間にわかりやすく伝えなければなりません。

図 15.1 パートナー

　機械が人間の思考の一部を担当するようになると，将来はどうなるのでしょうか。人間が機械の思考形式に染まることがまず心配されますが，それにも慣れてしまうと，精神活動を機械に任せてしまう代理機械が出て来るでしょう。

　「代理推論」や「代理討論」くらいはまだよいとしても，「代理反省」や「代理受験」となると，いまの世の中では認められないでしょう。人間の主体性があいまいになります。眼鏡をかけると人格にかかわると言う人はいませんが，どこまでを機械に任せるのか，哲学にこだわる必要はありませんが，なにが起きるのかは承知していなければなりません。

15.2 対象を理解する

　階層構造の中で機械は主体と対象の間に入り，制御信号を対象が受け取り，計測信号を主体が受け取るのを助けます。機械は両側の状況や特性を把握して，信号のやり取りを円滑にします。

　しかし図 15.1 のように人間のパートナーとして対象を向くときには，対象の理解がまず重要です。対象を完全に理解してから人間を助けるのが理想でしょうが，実際には不完全な理解で協力しなければなりません。状況に即した働き方があります。

　事前に利用できる知識があります。対象についての一般的な性質がわかれば機械の動作様式に組み込めます。対象の振る舞いの範囲，統計的性質などがわかれば，機械の動作を設計する基礎資料になります。

　曲線や数式の形で対象の反応が予測できるなら，いちいち制御信号を与えなくても帰って来る計測信号が予測でき，実際に試みる必要はありません。確認するだけの意味になります。しかし実際にはそこまでの事前知識は手に入らないでしょう。

　対象に未知部分があるとき，機械は人間と協力してそれを推定することになります。消極的な方法としては，制御信号をただいろいろと与えて計測信号を観察します（単なる観察，**図 15.2**A）。擾乱や不確定さがあると二つの信号の関係はあいまいになります。また信号の構造や種類が多様だと，二つの信号の

　　A　信号のやり取りだけから　　B　内部をできるだけ詳しく

図 15.2　対 象 の 理 解

140   15. 人間を助ける機械

対応関係を整理するのが困難になります。そのようなあいまいさの中での判断，膨大な量の処理など，人間の不得意な場面で機械は人間を助けます。

少し積極的には選考試験問題を計画するときのように，対象を理解する目的に合った制御信号を設計して対象に送り，計測信号を解析します（テスト）。制御信号の設計が複雑になる場合，計測信号の解析に人間の直観以上の能力が必要な場合などには，機械の助けが役に立ちます。

さらに積極的には，超音波信号や光ファイバーのような技術を用いて，人間の入り込めない対象内部に制御信号を注入し，計測信号を取り出せば，対象についての理解が深まります（対象内部の解析，図B）。

15.3　信　号　路

たいていの制御・計測システムでは，人間の情報授受能力が最大の問題です。しかし信号路自体が問題なこともあります。情報を水とすれば信号路は水を流すパイプで，送れる情報量には限りがあります。限界以上の情報量を送ろうとすると，パイプは満杯になってあふれた水は捨てられます（**図 15.3**）。

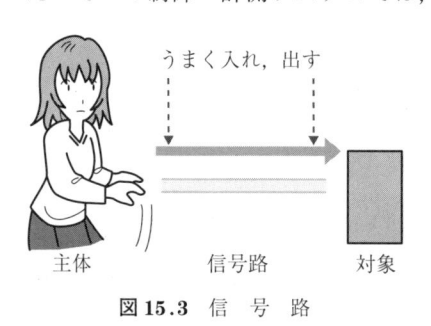

図 15.3　信　号　路

基本的には上のとおりですが，大量の情報を送るためには，信号路にうまく情報を出し入れしなければなりません。つまり信号路の性質（周波数や擾乱など）に応じて，信号を適当な形に変換して信号路に送り込み，出口で元の形に戻さなければなりません。出入口での変換を変調，復調と言います。

脳が手に行動指令を送るときには，「右へ」という言葉や声でなく，運動に関係する筋それぞれに「これだけの力を出せ」という指令を，神経の興奮パルス（毎秒のパルス数，頻度）で表現して送ります。これが変調・復調です。しかしその情報量は，神経の信号路容量に比べるとはるかに小さい値です。

15.3 信　号　路

　人工通信システムでは，信号路を容量一杯に利用しようとします。それは信号路が貴重な場合ですが，装置が複雑になり，変調・復調に時間遅れが生じることもあります。

　生物の中での情報の流れでは，たいていの場合情報量は信号路容量よりはるかに少ないのです。神経の興奮パルスもそうです。遺伝子も，DNA分子の腕の数よりはるかに少ない情報しか伝えていません。少ない理由は，変調・復調を簡単にしたいことと，信号路での誤りの対策です。

　信号路には擾乱があり，送った信号は違う形になって届くかもしれません。誤りが極端に多くなければ，何回も同じ信号を送って確認すると間違いが減るでしょう。人間同士では，何回も同じ言葉を繰り返して念を押します。符号理論では，単純な繰り返しよりもっと巧妙な送り方をします。つまり信号に冗長性を持たせることによって間違いが減りますが，そのかわり送られる情報量が減ります。

　人工通信システムでは，誤りがあると自動的にそれを修正し，また送り直すことがあります。しかし生物は，（例外もありますが）十分に冗長度をとって信頼性を高くし，送りっぱなしです。信号路容量は十分大きくしてあります。ですから「信号路を有効に利用しましょう」などと機械が出しゃばる幕ではありません。しかし新しい信号路を設定し，障害信号路を修復するような場合には，もちろん機械が支援します。

　信号路と変調・復調方式を決めたとき，送出情報量を増やすと伝送される情報量が増えますが，伝送の限界に近づくと誤りが増えます（**図15.4**）。情報を多く送りさえすればよいのではありません。誤りが増えないよう配慮することも大事です。

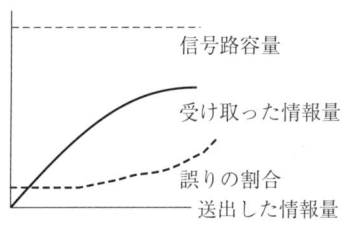

図15.4　信号量と誤り

15.4 制御信号の支援

筋電義手では，本人に残された部位（例えば肩）の筋電図を機械が読み取って，それに応じて義手のモータを駆動し義手を動かします（**図 15.5**A）。「手を右へ」と思ったときには，決まった形で肩に力を入れると，筋電図が発生し手が動きます。始めはうまくいきませんが，しだいに要領がわかってうまくできるようになります。しかし機械は「この形の筋電図」が生じるのをただ待つのでなく，「このパターンに変えてはどうですか」と，本人にアドバイスして制御信号の支援をしてもよいのです。

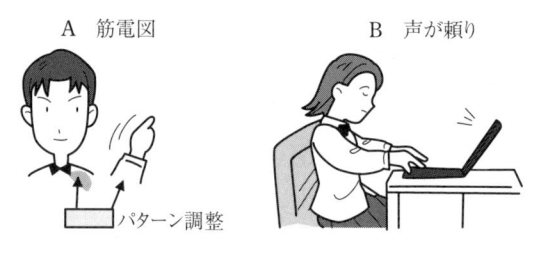

A 筋電図　　　　B 声が頼り

パターン調整

図 15.5 制御路の支援

視覚障害者がパソコンを使うのはたいへんです。いまは画面による対話が主体なので，なおさらたいへんです。どのキーを押したかも確信がありません。機械が「ポインターはここ，このキーが押された」と言ってくれると助かります（図 15.5B）。この場合も情報をゆっくり送り，信頼性を高めてわかりやすくすべきです。信号路容量を一杯に利用しないほうがよいでしょう。

15.5　人間の感覚と信号

人間が信号をやり取りする場合，人間の感覚や心理とよく合う設計がなにより重要です。「人間を訓練して」とか「慣れれば」と言う設計者がいますが，とんでもないことです。

15.5 人間の感覚と信号

人間の物理量と感覚量の関係が，図 15.6 のような飽和形曲線あるいは S 字曲線になることが知られています。人間は小さな量の変化には敏感で，大きな量はアバウトです。野次馬の人数を数えるときには，「1 人，2 人，5 人，大勢」でしょう。

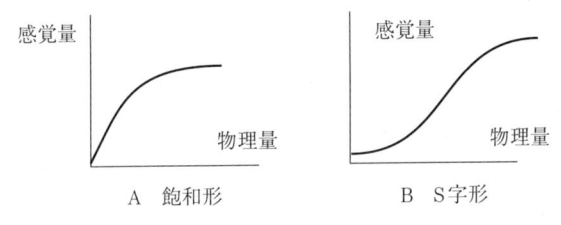

A　飽和形　　　　　　B　S字形

図 15.6　物理量と感覚量

パソコンでは，画面のポインターの動きをマウスのとおりでなく，速くあるいは遅くするとやりやすいことがあります。スイッチは動きがある点を越すかどうかが問題ですが，音や光で知らせ，境目で急に動くなどの工夫でわかりやすくなります（図 15.7）。

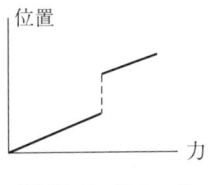

図 15.7　スィッチ

地図の上で道路に沿って移動するとき，道路は本質的に 1 次元ですから「どちらへどれだけの速度で移動するか」，つまり符号付きの速度を指定すれば，眼や指を使って 2 次元の地図をたどるよりも簡単です。

陶芸教室の先生は，「そうしたいときはこう」と生徒の意図を察し，手を取って誘導します（図 15.8）。この場合には制御の支援でもあり，計測，学習の支援とも言えまます。機械が密接に人間と協力するようになると，動作は総合的になり，制御・計測・学習の区別があいまいになってきます。

このように機械は，問題に応じて制御信号を変換し，また制御信号をフィードバックして人間を助けることができます。

図 15.8　先生の指導

15.6 必要な成分の抽出

擾乱などのために，計測信号には不必要な成分が混入し，どれが制御信号に対する反応かわからないことがあります。このとき機械が計測信号の中から必要な成分の抽出をして，人間に示してくれると助かります（図15.9）。

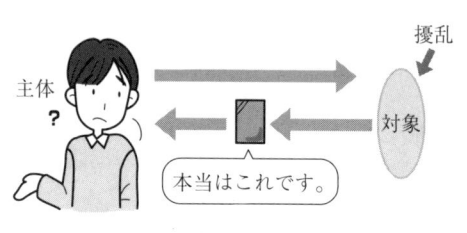

図 15.9 擾乱の除去

また豊富でも不確実なデータが呈示されると，人間はなにを見るかに迷い，精神的な負担になります。そのとき機械が注意する場所を示してくれると助かります。

もし機械が見るべき点を完璧に指示できるのなら，対象について完全な知識があることになります。それなら人間に注意の努力を求めなくても，直接に知識を提供したほうが簡単です。機械の知識が人間の知識を上回るとき機械は先生の立場になり，知識をそっくり提供するか，人間に苦労して学習してもらうかは選択肢になります。

現在の機械はその段階には達していません。いま機械の仕事は，対象についての知識が不確かな状態で人間と協力することです。観測したい成分に対する条件，例えば平均，周波数成分，時間波形，制御信号との相関，過去例の検索などを人間が指定し，それに従って機械が信号を解析するのが普通の形です。人間と対話して意思を通じながら協力する形が望まれます。結果については人間の直観を尊重すべきですが，機械が数値化などで助けてもよいのです。信号解析にはたくさんの技法がありますが，やみくもに使わないで，問題によく合った方法を選ぶべきです。

15.7 時間遅れと予測

　制御信号を送ってから対象が反応し，計測信号が帰って来るまでには，時間がかかります．信号処理をするとさらに時間がかかり，時間遅れが生じます．平均をとると平均区間分のデータが必要で，それに相当する時間遅れが生じます．この場合人間は，現在得た計測信号と，少し前の制御信号を比較しなければなりません（**図 15.10**）．

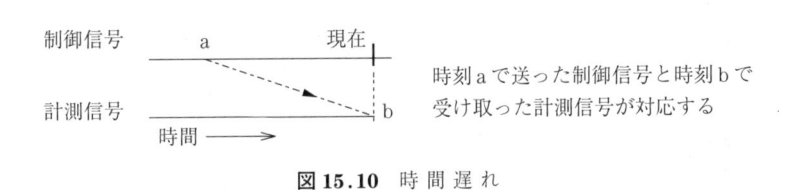

```
制御信号  ————a————————現在————
                    ＼         
                     ＼        
計測信号  ——————————————＞b——
           時間 ——→
```

時刻aで送った制御信号と時刻bで受け取った計測信号が対応する

図 15.10 時 間 遅 れ

　時間遅れに対処するには記憶が必要です．神経回路の波動や感覚一時貯蔵（SIS）が短期間の記憶を保持します．新しい情報が入らなければ，内容を短期記憶（STM）に移して数分間は保てます．しかしつぎつぎと信号が入ると，情報を保持する場所が足りなくなり機械の助けが必要になります．

　信号が数値や文字で表現できる場合には，機械は容易にそれを記録し再生し，また解析します．しかし記憶内容が雰囲気，友人の表情，…など，文字・数値化できない感覚であると厳しい状況になります．

　記憶すべき内容が複雑でとりとめがないとき，要領のよい人はそのすべてでなく，状況を簡単化し，特徴や傾向を記憶します．機械もそのようにしたいのですが，実用可能な一般論は難しく，これからの研究課題です．

　連続的に入って来る情報を単に記憶し，短い時間の後で入った順番に取り出して処理する作業はよくあります．例えば機械の状態を計器で見ながら操縦するときに，状態の表示に時間遅れがあると，人間が対処できる時間遅れはたかだか1秒程度です．

「操縦桿をつかむ要領」といった非数値的データを蓄える場合，感触はそのままSISに入り，なんらかの状況表現としてSTMに入ります。短い時間だとLTMとやり取する余裕はありません。雑な見積もりとしてSISが0.2秒分のデータをため，STMの1セルに入れるとしますと，7個のセルでは0.2秒×7＝1.4秒となり，だいたい1秒が限界ということになります。

「1秒以下なら問題ない」という意味ではありません。図15.11のように表示を見ながらハンドルを動かし，目盛を指定された値に合わせます(A)。時間遅れが増加すると操縦が難しくなります。「上げると行き過ぎ，下げると行き過ぎ」という具合に，操作は目標の上下を振動します(B)。機械の反応の敏感さによりますが，遅れ時間が1秒以下でも操縦が不安定になることは珍しくありません。

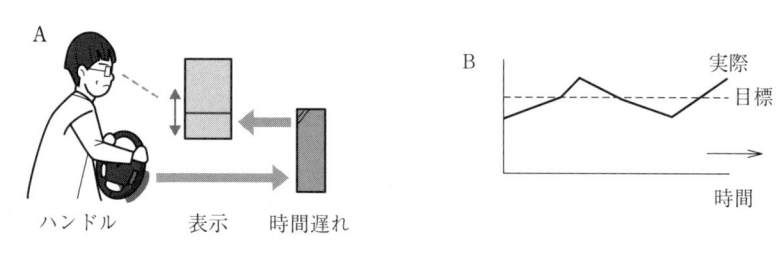

図15.11 時 間 遅 れ

連続的動作で時間遅れの影響を軽減するには，計測信号の少し先を予測できればよいのです。予測が確かなものなら，同じ時刻の制御信号と計測信号を比較することができます。

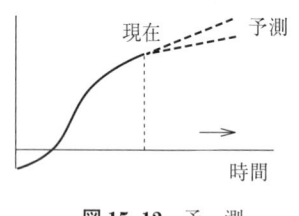

図15.12 予　測

信号が滑らかに変化するなら，過去のデータを将来に向かって延長することができます（図15.12）。いろいろな数学的手法がありますし，簡単にはディスプレイに過去の傾向を示し，人間が予測してもよいのです。

15.8 表示の工夫

　人間が目の前のデータを眺めて判断するとき，得意・不得意があります。不得意な面は機械が助けます。人間は絶対値より相対値の比較が楽ですから，比較する二つを目の前に並べるのが原則です。時間的・距離的に遠い値は取り寄せて目の前に並べるべきです（**図 15.13**）。

図 15.13　並べて比較する

　一方が他方の何倍かを見るときには，片方を拡大縮小し，ほとんど同じ大きさにして比較します。「昔といま」，「遠く離れた人々の表情を比べる」なども，原理は同じです。

　図形の大きさと色など複数の要素を使えば情報量は増えます。同じことを複数の信号路によって「念を押す」のはよいことですが，複数の情報路が独立に動作すると，その関係や選択に注意がとられ負担が増えます。比較すべきことは単純化し，注目すべき情報は強調するのが有効です

　人間は多数の中から選ぶことが苦手です。特売品選び，文献探し，地図調べなどはたいへんです。相手がよく整理されていれば，広い範囲の探索から始めて円滑に絞り込むことができます。相手が整理されていないときには，機械が整理を手伝うことができます。

　言語，図形，メロディなどは，本来の意味に沿って呈示すべきです。「うさ

ぎの絵は左を意味する」などと勝手に約束すると，精神的負担が増えます．また音声や図形には好みや感情がありますから，多少は選択できるとよいと思います．

無意識の情報もあります．視線は注意，関心を示しますから，機械がそれを読み取って人間を助けることができます．視線以外にも役に立つ生理現象はあるでしょう．

情報はその場だけで用済みの場合と，後で利用したい場合があります．LTMに収納すべき情報は，下線や色によって注意を引き，他の項目からの干渉を抑えると有効です．「重要かも」といったあいまいさは記憶を妨害します．割り切った表示が大事です．

15.9 対象のモデル

いまのところ機械は，計測信号を人間にわかりやすくしますが，人間は対象を理解したいのですから，機械はもう一歩進んで人間の思考に協力すべきです．モデルやシミュレーションはその第一歩です．

計測信号は理解できても，対象の構造や特性が複雑だと，人間には対象の理解が困難になります．ここで機械の出番があります．対象の構造や特性を機械の世界の中に模擬し表現するシステムを，「モデル」と言います．モデルはハードウェア，ソフトウェア，方程式などなんでもよいのです．

もし対象の正確なモデルが得られれば，制御信号に対する計測信号を推定できますから，実際に制御をして結果を見る必要はありません．またモデルをよく調べれば最適な制御信号も決定できるはずですから，学習もしなくてよいわけです．そのような立場の議論もありますが，「正確な」という条件には注意が必要です．

対象の個々の機械部品にまで設計資料があれば，部品の性質を組み合わせて対象の特性が表現できるはずです．しかしそれは理屈で，完全に正確なモデルなどありませんから，少なくとも制御を試みて結論を確かめることが必要で

す。機械は人間とともに試行を経験し，その結果を分析してよりよいモデルを構築すべきです。

どのような解析でも細かなことは無視されます。歯車のガタや摩擦，密封の漏れ，部品のバラツキや経年変化など普通は無視されます。無視の集積が対象全体の表現の誤差になります。

モデルには常に簡単化，理想化が含まれます。したがってモデルを解析した結果が実際と一致する保証はありません（**図 15.14**）。しかしそれを責めるのは筋違いです。

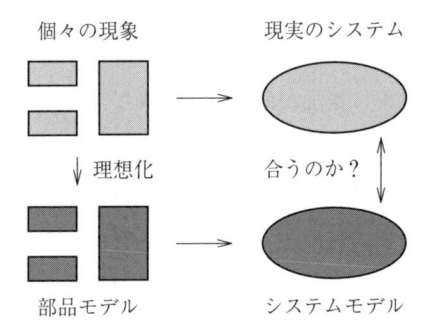

図 15.14 モデルと本物

モデルは簡単明りょうで，本質的な面を浮き彫りにできればよいのです。「どの条件設定からどの振る舞いが生じるか」を明らかにすることに意味があります。逆説的に「合わないことに価値がある」と言うこともあります。モデルは完全ではありませんから，上手に利用しなければなりません。

15.10　対象の複雑さ

炉の制御ではそのときの温度を計測します。それが炉の状態だと思いがちですが，対象はもっと複雑です。燃料を一時的に増やすと，その瞬間の温度でなく少しの時間の後に温度が上がり，しばらくすると元の温度に戻ります。燃料と温度の関係を時間的経過として観察するだけでも複雑です。実際にはさらに気温，材料などさまざまな条件が炉の状態に影響します。

対象が人間の精神状態なら無限の要因が関係します。つまり対象を理解するためには，無限に多くの状態変数を観測する必要があります。しかし先生が生徒を観察するとき，それは不可能です。先生は無限の要因が生徒の精神状態に影響すると理解しながら，実際には表情，発言，態度といった限られた項目だ

けを観察して判断します。

　一般に対象の状態には多数の要因が関係しますが，要因には相関があり影響には冗長性があります。冗長性さを整理して取り除き，また重要でない要因は無視したとき，対象の反応を決めるのに必要最小限な要因の数を「自由度」（複雑さ）と言います。必要最小限な状態変数の数とだいたい同じことです。

　対象に擾乱があると，制御可能・観測可能の概念はあいまいになり，厳密に自由度を考えることはできません。だいたい「このくらい」でよいのですが，自由度に相当する程度の情報はほしいという意味です。

　対象の特性が一定不変であれば，調べている間に反応の様式がわかってきます。しかし生物はしだいに，あるいは突然に反応様式を変えることがあります。空腹や睡眠でも反応は変わります。変化が起きたときにそれを検出する技術が必要です。例えば手持ちの知識に基づいて対象の反応を予測し，観測結果が大きくずれたら変化があったと判断します。また反応の統計的性質を常時調べて変化を検出してもよいのです。経過を観察するだけでもよいし，積極的に制御信号や要因を工夫して対象の反応を調べると効果的です（**図 15.15**）。

図 15.15　やってみなければ

　対象の特性を調べるためには多数の数学的手法があります。多くは対象の反応が制御信号や外部要因の1次式で表される（線形）としています。線形性はたいてい近似的に成立し，計算が簡単で見通しがよくなりますから，初期の解析では仮定してよいことです。線形性の判定方法がありますし，変化が微小なら線形性を仮定できます。

15.11　シミュレーション

　正確なモデルがあれば，実際に制御信号を送る前に，モデルに制御信号を与

えて反応を調べ，成功しそうなら本物の対象に制御信号を送ればよいのです（**図15.16**）。また学習も，主体がモデルと制御信号，計測信号をやり取りし，学習がだいたい完成したら本物の対象を制御すればよいのです。

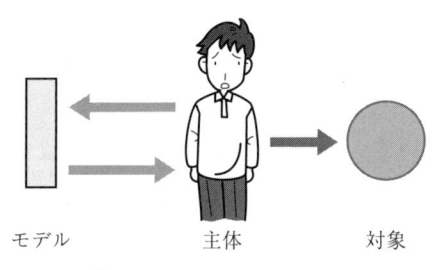

図 15.16 シミュレーション

モデルに対して制御・計測を試みることを，シミュレーションと言います。軍隊の演習もシミュレーションと言います。運動選手のイメージトレーニングもこれに近いでしょう。戦争やゲームでは，相手の思考や性格までモデルに含めて，結果を予想しながら制御を実行できます。また時間軸を縮めて試行をすることもできます。

モデルは一般には実物と多少違っていてもわかりやすいほうがよいのですが，シミュレーションでは正確なほうがよいのです。もし違いがわかったら，それを無駄にしないで，モデルをより正確に改良すべきです。モデルは機械が作っても，モデルと本物との違いが重大かどうか判断するのは人間の洞察です。機械は問題点を整理して示し，人間を助けるべきです。

SF的な発想としてこのような装置を携帯すれば，ゲームなど対戦をする人間を背後から助けることが考えられます。対戦相手ごとにROMカードを差し替えることになりますが，対自分用のカードが普及すると，その裏をかくのに名人も苦労するでしょう。

15.12　この章のまとめ

対象，主体，制御路，計測路について，機械は主体としての人間を助けます。そのうちに機械は人間の思考に入り込み，パートナーとして役に立つと同時に関係を複雑にします。人間と機械の関係を掘り下げて検討しなければなりません。

15. 人間を助ける機械

まず機械は人間と協力して対象に向きます。人間の制御信号送出，計測信号受理を助けます。特に後者の役割が重要で，信号を処理し，時間遅れに対処し，ディスプレイをわかりやすくします。ここでは人間の感覚・判断特性に基づいて，精神的負担を減らすことが望まれます。

本物の対象を機械が模擬して，人間が仮想の制御を試み，対象を理解するのを助けることができます（モデル，シミュレーション）。実際への応用が広がり，人間と機械がより密接に協力することになります。対象が生物の場合にはモデルが不完全になりがちですが，わかりやすいのがよいか正確さを求めるかなど，目的に応じたモデルを構築すべきです（**図 15.17**）。

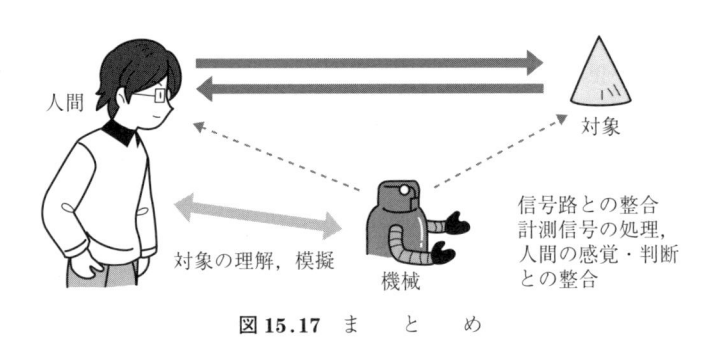

図 15.17 ま　と　め

16

機械が提供する世界

16.1 機械の能力が高くなると

　機械は，能力が向上するにつれて人間の思考過程に密接に協力し，生活や精神活動の中に入り込みます。

　電話がよい例で，昔は廊下などに置いて急ぎの用事に使っていましたが，やがて電話は居間に入って無駄話の道具になり，いまはなんの違和感もなく携帯電話を持ち歩き，公の場で私事を話します。気づかないうちにビジネスから雑談と社交の道具になり，公私の世界をかき混ぜるというように，人間や生活を変えていきます。

　早起きのための目覚まし時計は役に立ちますが，気分と無関係に生活を指示されると「うるさい」，「邪魔」になります。育てた部下がいつの間にか成長し，目障りになるようなものです。なりゆき任せでなく，関係を意識し組み立てるべきでしょう。これらは機械が人間の生活像に干渉し始めたのだと言えます。

16.2 人間と機械は異質

　人間と機械は元々異質なものです。それがわかっているのに同じ土俵の上で競合させるから，相容れないものになり，問題が起きるのです。「機械は冷たい，暖かい人間の手で」と言うのは競合です。人間と機械は競合でなく，たが

154   16. 機械が提供する世界

情熱
直観
感情

冷静
客観的
理論的

図 16.1 人間と機械

いの性質と立場を尊重し補い合うべきものです。

「人間と機械がたがいに尊重しつつ密接に協力すること」が大命題です。人間と機械を簡単に比較すれば，人間には情熱，直観，感情があり，それに対して機械は冷静，客観的，理論的です（**図 16.1**）。

人間には理性と感性があり，客観的な思考もできますが，人間の活動を推進する原動力は情感，信念，欲望であり，行動は冷静な理論に基づくものではありません。外の世界を観察して法則を求めるとき，人間はしばしば客観性を失い直観に頼ります。それは短所であり長所でもあります。

一方，機械は客観的な思考について人間を超える能力を持ちます。人間にはとてもできない大規模資料の整理，精密で客観的な判断などができます。しかし思考を飛躍させ，わずかな矛盾を許容して先に進むことなどはできません。

このように比べれば，人間のパートナーとしての機械の役割は明らかです。機械は客観的な推論をしても，その結論を人間に押し付けず，要点を示して人間の直観的思考を助けるべきです。人間が外に向かって観察し作用するのを助け，内には情感に作用して，前向きの姿勢を引き出すことが大事です。

いわば機械は，人間の思索の助言者，行動の助手，記録の秘書に徹し，人間の直観的思考に自分の論理的思考を組み合わることによって能力を補完すべきです。思考様式が違うことに意味があります。機械に人間と同じ感情や非論理性を持たせる研究もありますが，それは意味のないことです。

16.3 不適切問題

人間はそれぞれの経験から法則を抽出し，自分の行動原理を作ります。しかし生まれてからの経験は少数で，世の中の現象は確率に支配され，対象の反応

16.3 不適切問題

は不確かです。したがってある経験をしたときに、法則が確実に決まることはありません。しかし人間は直観で一つの答えを選びます。

答えが存在しても一通りには決まらない問題を、「不適切問題」と言います。これは現実にはよく起きることです。採用試験で応募者に始めて会い、少し質疑応答をしただけで、「どういう人間でしょうか？」と聞かれると、答えはいく通りもあります（図 **16.2**）。

図 **16.2** 面接試験

開業医が始めての患者に会ったときも同じです。遠くになにかがかすかに見えたときに、「あれはなんだ？」と聞かれると同じことになります。

簡単な数学としてつぎのようになります。図 **16.3** で入力 x を与えたときに、それに比例する y が得られるとします。比例定数を h として、つぎの関係になります。

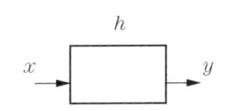

図 **16.3** システムと入出力

$$y = h \cdot x$$

単価 h の品物を x 個買ったら総額が y という関係です。普通は「10円の品物を3個買ったらいくらか」というように、x, y, h のうち二つが与えられ、残りが未知です。

しかし現実問題としては、三つのうちの二つが未知な場合がよくあります。それが不適切問題です。医師と初対面の患者の場合には、目の前の状態 (y) はわかりますが、過去の病歴や本人の行状 (x) はよくわかりません。患者の体質 (h) もわかりません。しかし医師は、「不適切問題だから答えが出ない」とは言えず、なんらかの答えを出さなければなりません。つまり不適切問題に

答えを出すことが要求されます。

16.4　仮説検定，人間と機械

　不適切問題に取り組む普通の方法は，仮に一つの答えを用意して，「これが正しいとすると経験がよく説明できるか」と考えます（仮説検定と言います）。「説明できる」と言っても確率が背景にありますから，正解だという保証はありません。

　推論が確率的である以上，方針を与え結果を判断するのは人間の直観と常識です。機械は脇役として，人間の指示と手持ちの知識に基づいてできる範囲の推論を示し，後は人間の判断に任せるべきです。

　人間が「こうらしい」と感じるモデルがあれば，機械が同じ条件で実験を繰り返し，「その場面が再現される確率はこれだ」と人間に報告します。

　いまは「勘に頼るな，証拠を持って推論せよ」と言います（証拠主義，evidence‐based などと言います）。医療では検査結果が優先し，裁判は証拠主義です。数字を見るだけで安心する人もいますが，数字だけで正しいというのは間違いで，自己満足の資料になりかねません。

　人間の直観のほうが正しい場合もあります。それは「夢見」や「勘」が正しいというのではなく，神経回路の波動に見られるように，人間は「些細な状況」までを推論の中に自然に取り入れるからです。

　ある問題について答えを出したときに，「なになにを考慮に入れたか」と言われてリストを作ると，無限に多くのことを考えたことに気が付きます。これに対して機械は与えられた資料に基づいて推論しますから，意外に狭い範囲しか見ていないのです。どこまで機械に頼り，どこから人間の直観で決めるかは考えるべき選択肢です。

　仮説検定では人間は直観で仮説を用意し，経験したことが解釈できれば納得します。自分の仮説が他人と違っても構いません。しかし自分の仮説が客観的，確率的にどれだけ正しいのか，他に可能性はないのかなどを機械が補うこ

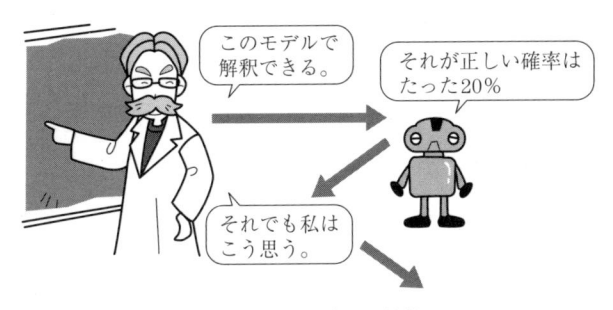

図 16.4 仮説検定と機械

とは意味があります（図 16.4）。

機械は人間とのやり取りを通して，思考過程にさらに入り込むことができます。例えばある画像を改善したい場合，人間は画像の一部について「本物はこうなるはず」と手書きで見本を示します。すると機械は，その部分について人間の処理を数式化し，その処理を画面全体に適用して結果を人間に示します。人間はさらにそれを見て…というように対話が進行します（図 16.5）。上の状況は，機械が人間の思考をよりよく理解し，パートナーになる努力をしていると見ることができます。つぎの機会にここで得た処理方法をまず適用すれば，関係がより密接になったと言えます。

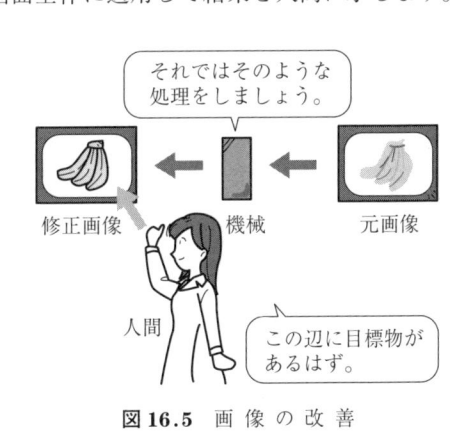

図 16.5 画像の改善

16.5 集団と確率

実際場面では人間は一つの作用を対象に与え，一つの反応を受け取ります。それはまさに少数例で，「本当はどうなのだろう」という疑問が残ります。知

識をより確かにするには同じことを繰り返せばよいのですが，1回きりの経験もよくあります。

哲学はさておき，目の前で見た場面は確かだとしても，私たちはその背後の真実についてはすべて想像するだけです。機械も本当のことはわかりませんが，人間の思考に沿った冷静なアドバイスはできます。

経験したデータの数は足りませんし，将来のデータはありません。平均をしようと思うと観測区間内のデータの数が足りないこともあります（図 16.6）。

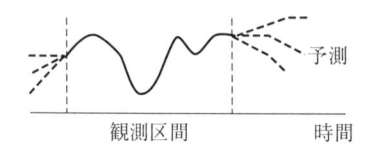

図 16.6 データが足りない

このような場合につぎのように考えます。現実の世界では対象は一つで，1回作用すると反応も一つです。しかし現実世界以外に，仮想的に多数の世界が存在すると考え，それぞれの世界にまったく同じ主体と対象が存在するとします（図 16.7，集団，アンサンブルと言います）。つまり「同じ私と同じ相手」が多数存在するのです。そこでいっせいに同じ実験をし，多数の結果を集計すれば，平均として正確なデータが得られるでしょう。図 16.6 は時間軸上の現象ですが，「写真に写っていない部分はどうなのか」など，空間的な問題の場合にも考え方は同じです。

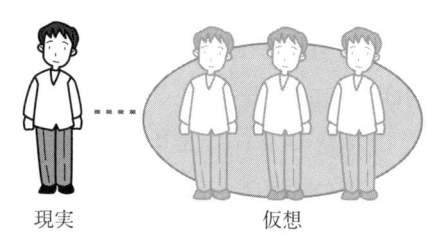

図 16.7 仮想世界と集団

多数の仮想集団を想像することは人間でもできますが，多数の実験を行って結果を集計することは，機械か数学でないと実際上できません。機械が人間に協力する場面です。

非常に多数の個体が，ある確率法則に従って独立に行動しているとき，集団全体の平均的な振る舞いは，「エントロピー最大」という原理によって決定できることが知られています。それを機械が実行すればよいのです。それは「確

率的に最もありうる値」，すなわち十分多数の集団についての結論です．1回試みたときにそのとおりになるという意味ではありません．

　生物は，非常に多数の個体の集団として進化してきましたから，進化はエントロピー最大の原理に従ったと考えてもよいでしょう．しかし人間の文化史の中では，例外的な人物や思想が力を持って世の中を導いたことがしばしばあります．確率の低い出来事を「あり得ない」とするか「貴重な例外とするか」は，発展の分かれ道です．機械が口を出す場面ではなさそうです．

16.6　仮想と学習

　前節のように機械が人間の思考を横目で見ながら，冷静で理論的な別世界を展開してくれると役に立ちます．しかし人間はもっと積極的に機械の作る仮想世界を利用できます．モデルは現実を忠実に再現しようとするものですが，それに止(とど)まる必要はありません．現在あるいは過去の選択肢の中で，思うこととは違う選択肢を選んで結果がどうなるかを知れば，最適な選択肢を決定する参考になります．

　過去の選択肢を変えることには興味があります．「あのときの選択は失敗だった．こうすれば成功した」と言われると参考になります．客観的推論として価値がありますが，心理的には「俺には成功する力がある，ちょっと間違えただけだ」と思い，元気が出ます．元気はやる気につながり，つぎの試行によい影響を与えます．本人の背後から元気づけることも機械の仕事になります（**図 16.8**）．

　学習はただ知識を獲得するのでなく，人間が自力で法則性を見出し，似た場面に応用する力量を養うためのものです．本を買えば確

図 16.8　代理反省機？

かに知識は手元にありますが，「専門家になった」と言う人はいないでしょ

う．その意味で，学習を機械に丸々任せたのでは意味がありません．将来の機械が法則の獲得まで立ち入ることになっても，その機械は人間と一緒に試行錯誤をし，成功を共に喜び，つぎの試行についてアドバイスするパートナーでなければなりません．

　もっともデートのでき具合を細かく批評されたり，スポーツの試合をする前に細かな分析をして，結果を予想されたりしてはよい気持ちがしません．機械は能力だけでなく，人間の心情を理解しなければなりません．

　人間の心情に沿って過去を振り返って反省を共にし，仮想の問題を提供し，重要でない経験はあっさり通り過ぎるといった役目を演じるようになると，機械は脇役から「伴走者」に変わり，人間の学習を支援することになります．

16.7　仮想世界の展開

　機械の能力が高まったときに，人間は仮想世界を別の意味で利用し始めます．それは現実を気にしない情感に支えられた思考です．情感は人間に行動のエネルギーを与え，すべてを総合して判断する力を与えます．視野になかったある過去の出来事が実は重要であることに気づき，また論理を超えて思考を飛躍させるなど，現在の機械には手が届かない世界が人間にはあります．

　情感の働きを現実に役立てるためには，それを洗練させて外の世界に整合させることが必要です．その過程は心理的に微妙で，いままでは「天才の突然の発想」のような偶然に支配されてきました．しかし機械はその誘導と裏打ちができるはずです．

　現実離れの世界は，SF，童話，ゲームなどですでに始まっています．AV技術や情報技術の進歩によって，人間はますます本気で仮想世界に入り込むでしょう．これらの場面では，機械は確かに人間の情感に直結していますが，それは作家の直観に頼ったものです．機械がこの場面に入り込むためには，仮想世界と情感，心理の体系化を目指した研究が必要です．

　機械が最初にできるのは人間を励ますことでしょう．いろいろな仮想世界を

提供すれば，逃避，反省，成功の夢などを通して激しい落ち込みを防ぎ，前向きの楽観や前向きの気持ちを誘導することができるはずです（図 16.9）。

さらに「殴り合い」のゲームのように頭を空にしてくれるものや，「死んだ親父に会う」といった原点に帰るものなど，さまざまな仮想世界が提供されます。社会の継続，秩序の維持という観点から見ると，望ましくないものも提供されています。

図 16.9　仮想現実

しかし研究をすれば，機械が本人とともに仮想世界を周行し，適切な感情の起伏を共にしつつ，前向きに周囲の状況を受け入れる「豊かな情感」を，本人に育てることができるはずです。現在は仮想世界をただ技術の問題として研究していますが，仮想世界の心理学を掘り下げて，機械の役割に反映させることが必要でしょう。

使い方しだいで機械は人間の召使い，パートナー，支配者などいろいろになります。制御・計測・学習システムでは，人間が自分自身を失わないことが大事なのですが，はっきり意識しないとそれが難しいことになります。

16.8　この章のまとめ

機械の能力が向上すると，しだいに人間の思考に入り込みます。人間は情感に支えられて思考し行動しますが，機械は客観的に冷静に行動します。両者はまったく異質で，競合するものでなく相補うべきものです。機械は人間の情感と直観を尊重しつつ，よきパートナーとして機能することが望まれます。

人間の経験が少数であり，世の中の現象が確率に支配されるために，実際問題に対して答えがいくつもある不適切問題が生じます。仮説検定，集団（アン

サンプル）など，現在使われている方法論の枠組みの中で機械が人間に協力することができます。

さらに機械の推論能力が高まると，人間に仮想世界を提供し，仮想実験によって将来を予測し，過去を反省することができます。機械は，人間だけのものであった直観と洞察に表裏一体の関係になります。そのとき人間の精神活動に，機械がどこまで立ち入り代行するかという問題が生じます。機械のあり方は，「情感が人間の精神活動の駆動力である」ことに見出されるはずです。

機械は，仮想世界を客観的推論のために提供するだけでなく，人間の情感の不活性化を防ぎ，積極的な姿勢を推進するなど，「応援団」，「よいパートナー」としての役割ができます。仮想世界をただ技術的に論じるのではなく，心理学の立場からあり方を考える必要があります（**図 16.10**）。

図 16.10 ま　と　め

17

人間と機械は仲よく

17.1 違うもの同士の協力

　人間は情感によって駆動される生き物で，機械は冷静に論理によって動きます。人間は自分に論理的能力が足りないときに機械に助けてもらい，機械は人間が情感によって駆動されることを理解して協力すべきです。

　醒めた人間同士の付き合いのように，人間と機械が距離をおいている分には問題は少ないでしょう。しかし最近のハイテク機器のように機械が遠慮なく人間の世界に入ってくると，割り切って仕事を分担することができなくなります。理屈で分担を決めても，技術が押し寄せる現実は変わりませんから，人間と機械が「けじめなく」付き合う実態を認めたうえで，両者のあり方を考える必要があります（図 17.1）。

距離をおいて　　　　　　　一体化

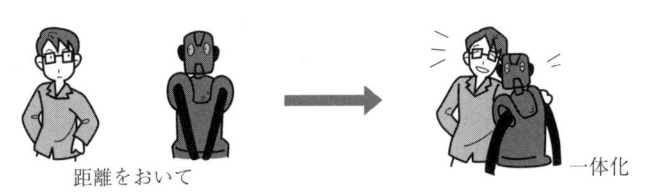

図 17.1　一　体　化

　機械は，人間の世界に遠慮なく踏み込んで影響を与えるだけでは，効果的な役を果たせないでしょう。人間に個性があり，思考や情感の起伏があり，行動は一定でないことを理解し，上司の気持ちがわかる秘書のようにきめ細かく付

き合う必要があります。人間は機械が自分の精神世界に踏み込んできたことを意識し、まず道具でなくペットとして、つぎに他人・友人として、気を許しまた警戒して付き合う必要があります。

17.2 機械の側から

人間は便利さだけに目を奪われてハイテク機器を使いますが、機械は図々しい友人のように人間の生活に入り込み、勝手に動作してくれます。しかし近くに来るからには、人間の顔色を見、気持ちを考えてほしいものです（図 17.2）。

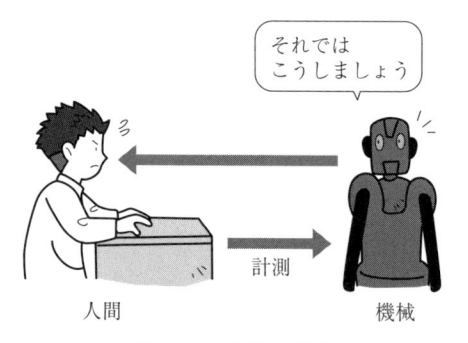

図 17.2 人間の理解

人間の心や精神状態を正確に知ることはできません。生理学では、脳波などの現象について「この波形はなにを意味するか」と、詳細精密に掘り下げようとします。しかし人間との付き合いに精密な情報は要りません。「疲れている」、「気に入らない」という程度でよいのです。いろいろな生理現象を通じて、また人間の動作や反応を観察してその程度の情報を得ることができます。機械は簡単な計測装置を持ち、人間の気持ちに合わせて動作するくらいの気配りはしてもよいでしょう。

生理現象としては、脳波、皮膚電気反射、呼吸数、心拍数、脳血流量などがあります。中でも目（視線）の動きが役に立ちます。興味があり注意したものには視線が向き、関心が深いものには長い間視線が止まります。また大事なものが現れると予想すれば、そこに視線が先回りして待ちます。視線の動きは簡単な眼鏡を付けても計測できますし、眼に赤外光を当てて反射を見る方法もあります。

特別にセンサを付けなくても、機械の操作、キーを打つ速さ、問題に解答す

る時間など，行動の中からもデータが得られます。「機械を操作しながら独り言を言って下さい」，「なるほどと思ったらうなずいてください」と注文を付けてもよいのです。おおまかな状況を把握できればよいのですから，生理学とは違う計測方法があってよいはずです。

17.3　揺さぶりをかける

　機械は本人の状態だけでなく，知識レベルや反応特性などについても知りたいのです（図 17.3）。まるで機械が制御の主体，人間が対象と，立場が逆のようなことになってしまいます。

　詳しく試験をすればよいのですが，あまり多くのテストをすると，その影響で本人が経験を積んで変わってしまいます。それでは正しい計測になりません。

図 17.3　相手を知る

　本人が「どう思っているか」（内省）を言ってくれると状態を知るのに役立ちます。しかしそれがすべてでないし，真実ともかぎりません。また機械とのやり取りでは，微妙なことは無理で選択肢程度になります。どうすれば機械が限られた信号路を通して人間の本音を引き出し，意志を通じるかは，これからの研究課題です。

　LTM の構造変化や動作を推定することも，一つの道になるでしょう。経験を積むと LTM の構造が変化し，知識と情感の結び付きが変化します。連想を通して想起時間，誤り，概念の結合・順位などの参考データが得られます。計測をしてもよいし，訓練中にデータをとってもよいでしょう。

　本当のことを知るためには，多少の妨害や障害を与えて本人の反応を見るのもよいでしょう（図 17.4）。本人が信念を持って行動をしているときには，障

図 17.4　確信の程度

害や擾乱があっても行動方針を変えませんが，自信がないと少しの揺さぶりでも影響を受けます。制御の成功・失敗について偽の計測信号を返し，つぎの制御信号がどうなるかを見ることがあります。経験のある先生は，わざと嘘を言って生徒の反応を見たりします。

この種の計測は，本人の特性だけでなく，覚醒レベルや気分にも影響されます。医療の場などで嘘を言うことに倫理的問題があるかもしれません。同意を求め，少数回のテストで済ますなどの注意が必要です。

17.4　やる気と機械

人間行動の背景にある精神活動の中で，「注意」と「やる気」が重要です。これはパソコンのプログラムソフトのようなもので，ハードウェアが同じでもソフトを変えれば動作が変わります。注意ややる気は一定でなく，個性，環境，他人などに影響されます。

本人が「やる気十分」と仮定して学習・訓練計画を立てる人がいますが，それは間違いです。やる気を出してもらうことは，学習計画を作るよりもはるかに重要で困難なことです。機械に比べれば人間は情に流される気まぐれっ子で，様子を見ながらなだめないと集中してくれません（図17.5）。機械は一方的に人間に働きかけるのでなく，精神状態を推定しつつ協力しなければなりません。

外からの情報に注意を向けないと，情報は SIS で消えます。人間の信号路は狭く，暗闇でのヘッドライトのように注意を向けた先だけから情報を受け取ります。

注意は短時間の現象です。仕事中に自分の名前を呼ばれると，スイッチを切り替えるようにそちらに注意が移ります。またゆっくりと一つのことに気づき，気持ちが集中していくこともあります。

図 17.5 機械はなだめ役

人間は個性に応じてあるいは万人共通に，特定の表示や刺激に注意が向きます。注意を引く刺激には快楽，恐怖などの情感を伴い，学習意欲に影響します。ディスプレイや交通標識など，さまざまな問題に注意の原理が応用されます。注意力には個性があり，情感を伴いますから，ただ「目立てばよい」のではなく，工夫し個人ごとに選択の余地を残すことも必要です。

注意のレベルはただ高めればよいのではありません。高いレベルの注意は精神的負荷になり，長時間持続することが困難です。注意の持続性，本人の覚醒レベルや日周性（一日の周期の変化）にも依存します。この話を突き詰めると，結局「人間は規則正しい生活をし，大事なときに精神を集中すべきだ」という平凡な結論に落ち着きます。

やる気（動機，モチベーション）は，「自分の行動に期待を持ち，その実現の程度に応じてつぎの行動への熱意が生じる」現象です。期待の達成感は相対的なものです。「優勝しよう」と思うと2位は期待外れ，「決勝に出れば」と思うと2位は大成功で，「また頑張ろう」と思います。

成功や失敗を冷静に受け取って経験を積むのも一つの姿勢ですが，人間はそうはなりません。行動する前には期待を持ち，成功・失敗が向上心に影響します。先生が試験にわざとよい点を付け，運動のコーチが選手を褒めるのがそれです。嘘に近くても褒め，嘘と思いつつ元気になります（図 17.6）。機械もい

図 17.6　なんとかやる気を

ろいろな形で人間を励ますことができます。

　やる気を引き出すには，計画的に予想を誘導し結果を誇示してもよいのですが，単純に音楽やイメージによって情感を誘導することもあります。リアルタイムだと効果があります。人間は元々論理的でありませんから，期待や刺激が抽象的なほうが解釈に幅ができ，前向きの気持ちを誘導します。感性には人類共通，文化特有，個性などいろいろな面があります。機械はそれをおおまかにでも承知して人間を助けてほしいものです。

　やる気は当面の作業だけでなく，趣味，娯楽などさまざまなことに分散します。一つのことに集中すると，別のことのやる気が減ります。やる気の合計は一定ではありませんが，必要なときにあちこちから招集すれば大事なことに集中できます。これも機械が脇から支援できます。

17.5　人間の変化

　人間は機械を利用し，助けてもらっている間に思考形式が変化します。チャップリンの映画「モダンタイムス」は有名ですが，情報化社会ではもっと激しい人間の変化が起きます。

　仮想世界が職場，家庭など生活すべてに入り込みます。ちょっとした礼儀作法，会話の練習，リハビリなど，ゲームやシミュレーション技術が有効に利用されます。私たちは端末機を通って仮想世界に入り，仮想世界の服とルールによって行動し，終わったら端末機を通って現実世界に戻ります（**図 17.7**）。こ

17.5 人間の変化

のとき端末機で仮想世界の服を着替えるのですが，それを忘れてそのまま現実世界に戻るかもしれません。少年犯罪に極端な例が見られます。大人は二つの世界を区別できますが，少年や老人は混乱します。「卵っち」のように仮想世界での経験や成果をつぎの機会に持ち越す形式のゲームは，仮想と現実の混同を助長します。

図 17.7 現実と仮想

　仮想世界はシステムの設計や人間の訓練だけでなく，特殊な世界を経験し，葛藤からの逃避，娯楽を通しての人間関係など，いろいろな応用に発展します。ただ工学や産業の面から仮想技術を考えるのでなく，心理学，社会学，教育学などからの関心も高まってほしいのです。

　インターネットからは，ありとあらゆる知識と場面が提供されます。AV技術が進歩して「本物そっくり」を仮想世界で経験してしまうと，本物に出会ったときの感激が減ります。つまり情感の活動が現実から仮想世界に移動し，実際の世界での情感が希薄な人間になります（**図17.8**）。

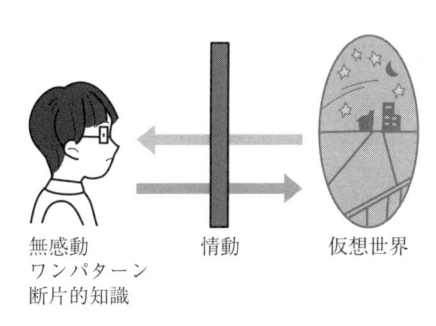

図 17.8 人間の変化

　知識が簡単に手に入るなら，あまり勉強する必要がありません。体系的な思想などなくても必要な知識は手に入るのですから，インターネットの使い方さえ知っていればよいのです。また皆が同じ知識と思想になれば安心です。クローン人間の脆弱な社会になり，「なんのために大勢が生きているのか」ということになります。

　学校も変わります。携帯可能な音声入出力翻訳機ができると，日常会話程度の語学は勉強する必要がありません。「学校でなにを教えるか」を反省するよい機会になります。授業や試験などのあり方も考え直さなければなりません。

家庭が情報化されると顔を合わせる対話がなくなります。親子の教育は減り，家族の情は薄くなります。子供は塾に行く必要がなくなり，自分の部屋でキーボードとディスプレイが友達になります。勉強とゲームの区別が消えます。家族が集合して少しは会話を交わすための技術を，これから工夫しなければなりません。

人間と人間関係には，他にもいろいろな変化が起きるでしょう。それらは技術から人間への一方向の影響ではなく，人間が技術を選び，その影響を受けるのです。一種のフィードバックです。しかし失敗をしながら学ぶのは危険ですから，問題を掘り下げて検討し，危険少なく進歩したいものです。

17.6 機械と仲よく

これからの私たちは，いやおうなしに機械に囲まれて生活することになります。機械の能力が高くなり，人間の気持ちや精神の世界に入り込むと，機械に「何ができるか」よりも，人間と「精神的に調和して動作できるか」が問題になります。

機械が人間とどのように仲よくなれるかについては，まだ深く研究がされていません。人間対人間，あるいは人間対ペットの心理学が，かなり違いますが参考になるでしょう。つぎのようなことが考えられます（**図17.9**, **図17.10**）。

a．第一印象で「好き嫌い」が生じる。
b．使用している間に「役に立つ」ことがわかる。
c．「気持ちが通じる」と感じて仲よくなれる。

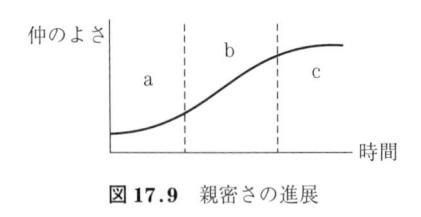

図17.9　親密さの進展

これは人間同士の付き合いに似ていますし，学習曲線と同じくS字曲線になります。機械はこの3段階それぞれで，人間から合格点をもらわなければなりません。

aの段階は知り合う「きっかけ」で

17.6 機械と仲よく　　171

図 17.10　仲のよさの進展

す。色，形，大きさなど見かけの評価が主になりますから，選択肢を用意し，個人ごとの多様な好みに対応することが望まれます。実際多くの製品ではそのようになっています。

　bの段階は機械の性能の問題ですが，この場合人間には機械の評価をするつもりはありませんから，機械は「役に立つ」だけでなく，「実際役に立っている」ことを人間にわかってもらうことが必要です。それは一方的でなく対話的でもあってよいのです。対話は仲のよい関係を作るのに有効な手段です。

　cの段階では，人間は機械を使う気でいます。ここでの機械は慎重に，人間の気持ちにぴったり合い，がっかりさせないように行動しなければなりません。人間の個性やそのときどきの精神状態を把握し，思考と気分を支えるべきです。人間と付き合いながら，自分を微調整することも必要です。また人間はしだいに成長し考え方が変わります。機械も一緒に変身していくことが必要でしょう。

　これらの過程で，機械は正面から人間と付き合うだけでなく，シミュレータや仮想現実など補助的な手段を活用して，自分と人間を理解することができます。できるだけ人間を理解しつつ共に行動し経験を重ねることが望まれます。さらに将来は，人間の意識下の精神活動とも作用しあうことになるでしょう。

17.7 三 角 関 係

機械が進歩しても，人間は機械だけに向き合って生活するのではありません。他の人もいます。人間社会の中に，ところどころ機械が埋め込まれた状況になるでしょう。

体の不自由な人が支援機器を使うとき，介護者がおり，本人と介護者の関係が本人と機械の関係に反映され，逆に本人と機械の関係が本人と介護者の関係に反映されます。

人間関係から考えると機械の役目は二つあります。一つは通訳や仲人のように人間関係の間に割って入り，関係をよくすることです（**図17.11**A）。異世代，異文化の人たちの間に入ってもらえば役に立つでしょう。この場合の機械は右と左の両側によい顔をし，人間対機械の関係を通してよい人間関係を作ることに努めます。

図17.11 機械と人間関係

もう一つの形は，二人の人間と機械が三角関係を作る場合です（図B）。人間だけの三角関係は微妙で，1対2の対立，一人に対する他の二人の競合，脇役の第三者など，わずかな原因で不安定に変化します。

二人の人間と1台の機械でも，複雑なことが起きるでしょう。知的能力がない介護機器でさえ，機械が別の人を代表して善玉や悪玉になります。機械が人間と距離をおいて助言する場合も考えられます。機械が口を出せば人間同士の理解を深めるのに役立つはずですが，控え目な段階から始めないと喧嘩をけし

かけることになりかねません。機械が人間の間の不満や矛盾の吸い込み役になるのが理想なのでしょう。

　理論上は図A，図Bを分けなくてもよいのですが，実際には非常に違う事情が生じ，機械には違う機能が要求されるでしょう。

　このような人間と機械の三角関係やそれに対応する技術は，まだよく研究されていません。人間だけの三角関係とは違う点が多いようです。機械が「通訳」や「評論家」の段階からもう一歩進んで人間社会に溶け込むことが，これからの研究課題です。研究が進めば多面的できめ細かい支援ができるでしょう。

17.8　進化の原理からの逸脱

　人間が気持ちよく機械と協力し，積極的に行動するのは結構なことですが，人間の行動を支えるのは機械の論理ではなく自分自身の情動で，その背景には「生き延びよう」とする進化の原理があります。機械が助けても，人間は自分の中にあるものが基本です。

　人間は，最初は道具や機械を工夫して生存競争能力を高め，他の生物や環境に対して強くなり「生き延びる」努力をしました。生存競争に勝つと，より楽に優雅に生き，またそれに役立つ知識を得るために，機械を使うようになりました。理屈を使えば，現在私たちが使っている機械は，すべて生存競争での存在価値があるのだと説明されます。

　しかし生活が豊かになると，「生存競争」は食，名誉，自己顕示などの欲望に変身し，欲望を満たすための機械が発達しました。これから機械が快く人間に受け入れられるためには，生産・闘争など生存に直結する側面よりも，楽しさや省力など欲望に直結する必要があります。さらに仮想世界が普及すれば，人間の感じる価値は「生存」とは遠く離れたものになります。

　なにも生存競争に固執する必要はないのかもしれません。生存競争は遺伝子改良の手段だったのですから，遺伝子が体系的に管理され，地球の激変や人口問題に対処する改良が別途実現されるなら，なくてもよいのかもしれません。

しかし現在のように生存競争の理念を残したまま，たまたま資金があって強い武器を持つ人が勝者になり，敗者は罰もなく生き残るのでは，生存競争の意味が失われます。機械が無遠慮に人間の生活に入り込むとき，人類自身のあり方が問われているとも言えます。

さて「生存競争」が「欲望」に変化したのは，人間の心の弱さ・脆さのためでありますが，考えてみると人間社会は欲望だけの世界ではありません。農耕や狩猟が始まると，「生き延びる」ことは「略奪して食料を確保する」のでなく，「協力して収穫し」，足りない食料を分け合う「思いやり」の気持ちに通じます。その方向への平和と調和の世界を目指して，倫理，宗教の思想が役を果たしてきました。

また人間には情愛の念があります。家族や母子の強い愛情は，元々は生存競争に由来するとしても，強化・美化されて平和・博愛の象徴とされています。

「欲望・闘争」と「協調・平和」という一見対立する考えは，元々「生存」という1本の幹から分かれた枝であり，人間の思考を形作るものだったはずです（**図17.12**）。

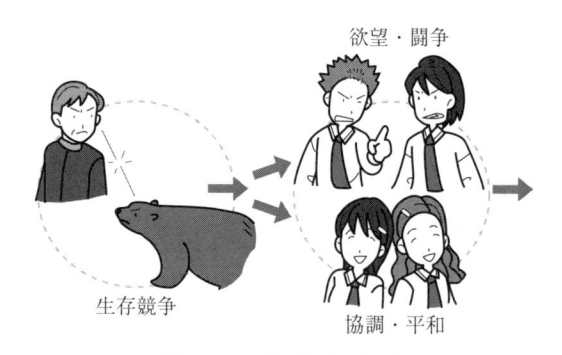

図17.12 欲望と協調

機械が人間と協力するとき，欲望だけでなく，協調と平和の気持に響くものであってほしいのです。しかし現実の機械は，欲望を満たすためのものが圧倒的に多いのです。育児器具は母親に都合よく作られ，介護用品は介護者が楽なように作られます。「見たい，欲しい，食べたい」という直接の欲望に訴える

機械は人気があり，内的な「心の高まり，喜び」を支援する機械はあまり発展しません。

進化の枝分かれからやり直すことはできませんから，いまとしては「協調と平和」につながる機械を進歩させてアンバランスを解消すべきなのでしょう。「堅苦しい機械を作れ」と言っているようですが，機械の人気は，本質というよりちょっとしたアイデアで決まるものです。機械のあり方について識見を持ち，「売れるから作る」という安易な道をとるのでなければ，いまの延長線上でも救いはあると思います。

17.9　この章のまとめ

機械が人間に密接に協力するためには，まず本人についてよく知る必要があります。精神状態を推定するための多くの手がかりが生体情報から得られます。また機械から人間に働きかけて反応を調べ，理解を深めることもできるでしょう。詳細な解析ではなくだいたいを知ればよいので，新しい技術を発展できるはずです。

精神状態の中では，注意・やる気などが特に重要です。機械の側から推定し支援する方法が考えられます。

人間はハイテク機械を使うことによって変化します。特に情報技術は激しい変化を生じます。仮想・現実の混同，無感動，知識のワンパターン化，学校・家庭の変化などがあります。ただ便利さを求めるのでなく，人間と技術の関係を心理学や工学の立場から総合的に掘り下げる必要があります。

人間と機械の関係については，人間関係の力学がある程度は参考になります。機械は人間と一対一に相対するだけでなく，人間社会の中に入り込みます。人間と機械の作る三者関係について研究をする必要があります。

人間を駆動するものは進化と生存競争でしたが，いまやそれが欲望に転化し，欲望充足のために機械が開発されています。それも少しは必要ですが，もう一つの枝分かれである協調と情愛の世界には，ほとんど機械が関与していま

せん。心につながる機械の研究から始めて，このアンバランスを解消していくことが望まれます。心不在の技術教育も修正すべきでしょう（**図 17.13**）。

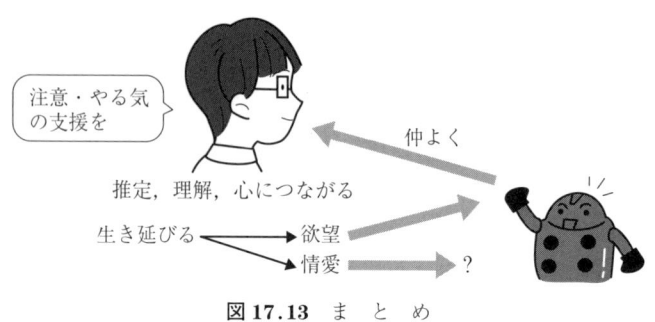

図 17.13　ま　と　め

付　　録

A.1　情報と情報量

「情報」とは簡単には，「あることが起きた（起きる）という知らせ」です。「明日は晴れ」，「明日は台風」という天気予報には，それぞれ価値があります。一方「明日は太陽が上る」は，正しいけれども価値がありません。「めったに起きないことほど情報は価値が大きい」のです。

「明日は晴れ」の情報は，「明日はいくつ作ろうか」と考えている弁当屋さんと，「明日は家で休もう」と考えている会社員では，値打ちが違います。しかし個人の事情まで入れるとあまり細かくなるので，普通は考慮しません。水の価値が体の状態や用途によって違っても，値段は「1リットルいくら」というようなものです。

「めったに起きないことの万人共通な表現」は確率です。確率が小さい出来事ほど情報の価値は大きくなります。情報論の基本的な考え方は，情報は水やお金のような「もの」であり，理由なく発生したり消えたりしないということです。

いま A 氏が B 氏にメールを送り，ある情報を伝えたとします（図 **A.1**）。「メール君」は，文章と同時に「情報」という荷物を担いで，走って行きます。文章は情報そのもので，B 氏は文章と同時に情報を受け取ります。

図 **A.1**　情報は物と同じ

水の量と同じように，情報の量は数

値で表せます。その数式はここでは触れません。情報量の単位は，コイントスで「表か裏か」といった対等な二者択一の情報量が単位で，1ビットと言います。パソコンで0か1を入れる枠一つを1ビットということがあります。0か1がまったく同じ確率で現れるなら，数字一つは1ビットといえます。

コイントスを2回して，「表，表です」と言えば，情報量は2ビットになります。2回の出方は4通りあります。2ビットとは，四つのうちの一つが起きたということです。以下同様に考えて下さい。

ケーブルにパルスを一つ送るとき，パルスが「あるかないか」で情報を伝えるとすれば，その情報量は最大1ビットだと言えます。しかし神経細胞が軸索にパルスを伝えるときには，多数のパルスが一度にかたまって送られます。100個のパルスが100ビットの情報を伝えているわけではありません。100個のうちの一つぐらいが抜けても，同じ情報が伝わります。この場合冗長性があり，信頼性が増したと言えます。

A.2 古典的制御の基本図式

古典的制御では，図 A.2 のフィードバックによって対象の状態を一定値に保ちます。炉温の制御を考えますが，どの場合も同様です。図のように変数を決めます。K は，主体からの作用 x の炉温 T_1 への影響を表す比例定数です。フィードバック作用を強くするとは，K を大きくすることです。まず図 A.2 で擾乱を無視すると，変数間の関係はつぎのようになります。

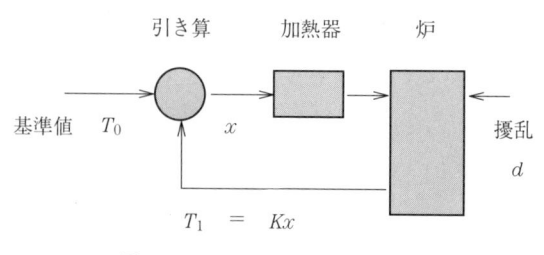

$$T_1 = Kx$$

図 A.2 フィードバックの基本図

$$x = T_0 - T_1, \quad T_1 = Kx \tag{A.1}$$

計算するとつぎのようになります。

$$T_1 = T_0 \cdot \{K/(1+K)\} \tag{A.2}$$

K が十分大きいと，上式の { } 内はほとんど1になり，炉温は基準値とほとんど同じになります。例えば

$K = 10$ 　だと　$T_1 = 0.91\,T_0$

$K = 100$ 　だと　$T_1 = 0.99\,T_0$

となります。フィードバックがないと，炉の温度は完全に K に比例し，K が2倍になれば炉温も計算上は2倍になり，制御の手加減しだいで激しく変動します。一方図 A.2 の構造では，K が十分大きければいくらでもよいのです。

つぎに外部から擾乱があり，そのままなら炉温を d だけ上昇させるとします。このとき式（A.1）はつぎのようになります。

$$x = T_0 - T_1, \quad T_1 = Kx + d \tag{A.3}$$

これからつぎのようになります。

$$T_1 = T_0 \cdot \{K/(1+K)\} + d \cdot \{1/(1+K)\} \tag{A.4}$$

つまり擾乱の影響は，そのままではなくて $(1+K)$ 分の1になります。K が大きければ影響は十分小さくなります。このように，図 A.2 のネガティブフィードバックは，対象の値を目標値に近づけ，擾乱の影響を小さく抑えるのにきわめて有効です。

A.3　学習曲線の意味

制御・計測を繰り返して能力が高まっていく過程を調べますと，一般に図 **A.3** のような曲線になることが知られています。つまりつぎの3段階があります。

a. 学習の始めは「どうすればよいかわからず」進歩は遅い。
b. 要領がわかってくると進歩が速い。
c. しかし能力向上には限界があり，頭打ちになる。

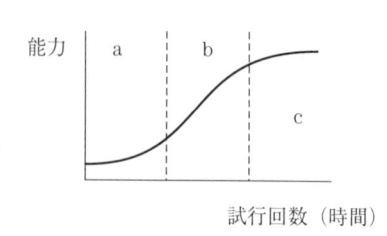

図A.3 学習曲線

この曲線は学習曲線（S字曲線）と言います。この曲線は数式的にもつぎのような解釈によって導かれます。

主体はまだどれが正しい制御信号かわかりませんから，いろいろな信号を送ります。いま正しい制御信号を送る確率を x とします。

簡単のために，主体は成功したときにその信号の発生確率を増し，失敗したときはなにも変更しないとします。平均的に言って，1回の試行での確率の増加 Δx はつぎのように考えられます。

$$\Delta x = ax(1-x) \tag{A.5}$$

上の式で，成功の期待回数は当然 x に比例します。$(1-x)$ は確率が1に近づくに従って1回の増し分が頭打ちになる（図A.3のc部分）ことを表しています。a は定数です。

式（A.5）は微分方程式（差分方程式）として解くことができますが，そのまま数値計算しても図A.3の曲線が得られます。以上では単調に確率が増えていくのですが，失敗したときに確率を減らすことにし，あるいは忘却の要素を入れても，同じように議論ができます。

A.4 条件反射を形成する回路

古典的条件反射を「同時経験を同一視する」こととすれば，条件反射を実現する神経回路モデルを作るのは容易です。図A.4がその一例です。神経細胞a, bはパルスが1個来るごとに動作し，受けた興奮性パルス数から抑制性パルス数を引いた値が1（しきい値）を越すと，興奮してパルスを出力します。USが食物，CSがベル音に相当します[†]。

[†] US：無条件刺激, unconditional stimulus, CS：条件刺激, conditional stimulus。

図の状態では，回路はつぎのように動作します。CS だけからパルスが入ると，a は興奮しますが，b は興奮性と抑制性のパルスが一つずつ入り興奮しません。US からパルスが入ると，b が興奮し，出力パルスを受けて a が興奮します。そこで b は抑制パルスを受けますが，興奮性パルスが US から 2 個入っていますので，興奮を続け，出力を生じます。結局この回路は US（食物）が入ると出力を生じますが，CS（ベル）だけが入ったときは出力を生じません。

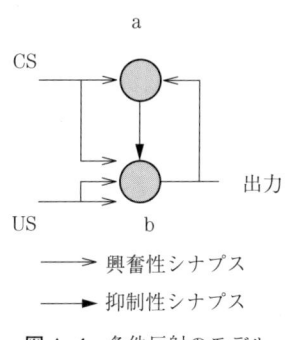

図 A.4 条件反射のモデル

　さて US と同時に CS が入ると，やはり出力を生じますが，このとき a には興奮性パルスが 2 個入り，必要以上に多くの興奮性パルスが入ります。本文中での説明のように，これによって細胞 a は疲労して動作しなくなるとします。（細胞 b は，過剰入力を受けても疲労しないとします）。a が動作しなくなると，CS（ベル）だけでも b は興奮し，出力を生じます。つまり条件反射が成立したことになります。

　しかし条件反射には他にもいろいろな性質がありますから，これで完成と考えるのは早計です。

A.5　学習と外部計測路の効果

　信号路が不備だと学習がどう影響され，外部計測路を追加するとどのように改善されるかを調べるのが目的です。簡単のために，正しい制御信号 X と，その他多数の正しくない信号 Y をまとめての 2 種類があるとし，その発生確率をそれぞれ x, y とします。$x + y = 1$ です。

　対象の状態としては，望ましい状態 D と，望ましくない状態をまとめて U があるとします。簡単のために制御路をつぎのように仮定します。擾乱がないとき，信号 X, Y はそれぞれ状態 D, U を生じます。擾乱があるとき，信号 X

は確率 p で状態 D を生じ，確率 q で状態 U を生じます。$p+q=1$ です。信号 Y は確率 1 で状態 U を生じます†。

つぎに計測路では，確率 P で状態が正しく主体に伝えられ，確率 Q でそれ以外の状態に報じられるとします。$P+Q=1$ です。以上の状況を図 **A.5** に示します。

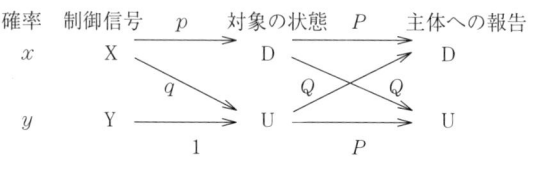

```
確率   制御信号    p    対象の状態    P   主体への報告
 x       X    ———————→    D   ——————→   D
                q              Q    Q
 y       Y    ———————→    U   ——————→   U
                     1              P
```

図 **A.5** 信号路の攪乱

主体は計測信号（報告）を見て，成功と思ったときはその制御信号の確率をある値だけ増し，失敗したと思ったときはなにもしません。確率を増したときは，合計が 1 になるように他の確率を減らします。

ある初期状態から出発し，以上の前提に基づいて確率の増減を計算します。問題は正しい制御信号の振る舞いです。学習曲線と同じように考えて，確率 x の増し分が $x(1-x)$ に比例すると考えます（y も同様）。1 回の試行当りの確率 x の平均変化分はつぎのようになります。

$$\Delta x = k\{x(1-x)(pP+qQ) - y(1-y)Q\} \tag{A.6}$$

y の増し分に対しても同様の式が導かれます。k は比例定数です。

これらを数値計算で調べてもよいのですが，なお計算するとつぎのようになります。

$$\Delta x = kx(1-x)p(2P-1) \tag{A.7}$$

式 (A.7) の正負は P の値によって決まります。$P>1/2$ であると x は増

---

† 制御信号 Y と状態 U は，正しい制御信号，正しい状態以外のものをまとめたものです。実際には Y，U は多数の集合で，Y を送って正しい状態を生じることはほとんどないでしょう。しかし正しくない状態 U を正しい状態と誤認することは，ある確率で起きるでしょう。これが図 A.5 の設定の理由です。失敗と報告されたときに確率を変えないのも，同じ理由からです。

A.5 学習と外部計測路の効果

加を続け，学習曲線に従います。

P が計測路の質を表しています。P が $1/2$ より大きければ学習が進みます。そうでなくても外部計測路を追加すれば，P は $1/2$ より大きくできます。

また p があまり小さいと，x が増加しても正しい制御はできません。

以上により，本文のとおりつぎの傾向が見られます。

a． 制御路，計測路とも質がよければ，そのままの状態で学習が進む。

b． 制御路の質がよく，計測路の質が悪いときは，外部計測路を付加することによって学習が進む。

c． 制御路の質がある程度以下だと，計測路を付加しても学習ができない。

索引

【あ】

誤り　79, 141
アルファ波　118
アンサンブル　158
安定　23, 35

【い】

生き延びる　48, 50
育児　71
育児環境　104
意識下　171
一体化　123
一定の状態　18
遺伝　67
遺伝子　51, 55
遺伝的アルゴリズム　56
犬の実験　85
イメージ　27, 122
インターネット　169
インタフェース　112

【う】

ウェーバー・フェヒナーの法則　128

【え】

SIS　97, 128
S字曲線　86, 143, 170, 180
STM　97, 121, 128, 130, 146
evidence-based　156
LTM　97, 104, 121, 128, 131
エントロピー最大　158

【お】

オペランド条件づけ　89

親の庇護　68
親離れ　69

【か】

改造　42, 122
階層構造　111
外部計測路　110, 181
学習　12, 14, 39, 66, 76, 85, 94, 109, 135
学習可能　41
学習機械　77
学習曲線　86, 180
確率　50, 158, 159
仮説検定　156
仮想　159
仮想世界　160, 168
学校　169
学校教育　69
家庭　170
感覚　128
感覚一時貯蔵　97
感覚量　143
観測可能　37

【き】

記憶　27, 81, 94, 121
　　——の定着　96
記憶術　101
機械の支援　42
帰還　21
基本図式　11, 112
記銘　102
逆方向問題　33
教育　68
強化　88
協調　174

局所的最適性　63
近代制御理論　37
近代的制御　30
筋電図　117, 142

【く】

偶然　57
クローン社会　68
クローン人間　169
訓練　12

【け】

経験　67, 84, 94
計測　11
計測可能　37, 108
計測信号　12
計測路　12
　　——の支援　110
経路　30, 32

【こ】

工学理論と生物　23
交差　56
行動　94
興奮　74
興奮性　75
個性　102
5段階評価　132
5段階表示　133
古典的条件反射　85, 180
古典的制御　18, 178
ご破算　61
コントロール　4

【さ】

最適化　33, 50

索　引

最適設計	33	
最適な経路	45	
サイバネティクス	24	
サーボメカニズム	18	
作　用	5, 31	
三角関係	172	
三者の関係	43, 107	

【し】

支援機械	43
時間遅れ	59, 145
しきい値	74
軸　索	74
刺　激	74
自己制御	6, 114
自　信	165
自然な学習	109
失　敗	29, 64
自動制御	18
シナプス	75
シフトレジスタ	99
自分の状態	116
シミュレーション	151
周期運動	35
集　団	158
主　体	5
循環路	59, 80
順方向問題	33
賞	88
情　感	80, 128
消　去	88
条件反射	85, 180
証拠主義	156
状　態	5, 31
——の遷移	34
状態空間	32
状態点	32
状態平面	32
状態変数	31, 150
冗長性	141, 150, 178
情　報	127, 177
——の呈示	133
情報処理	73

情報送出	134
情報マシン	126
情報量	127, 133, 141, 178
擾　乱	13, 63, 179
植物人間	62
食物連鎖	58
ショートカット	76
司令部	26, 60
進　化	55, 57
——の原理	173
神　経	74
神経細胞	74
神経作用物質	82
信　号	12
信号路	12, 38, 140
信号路容量	127, 133
振　動	59
シンビオシス	123
信頼性	178

【す】

スイッチ回路	79
スタック	61
スタティックメモリ	97
ストレス	115
スポットライト	103

【せ】

制　御	4
制御可能	37, 108
制御信号	12, 142
制御能力	41
制御路	12
——の支援	111
整　合	112
精神状態	164
生存競争	29, 51, 90, 173
成　長	103
成分の抽出	144
絶対的比較	132
セル	99
線　形	150
選　択	56

戦　略	40

【そ】

想　起	102
総合化	82
総合的調節	25
相互関係	58
相対的比較	132
促　通	76
測　定	11
外の世界	2

【た】

対　象	5
——の理解	139
ダイナミックな制御	29
ダイナミックメモリ	97
代　理	16
代理機械	138
代理制御	111, 123
短期記憶	97

【ち】

知　識	3, 10, 22, 66
着目点	78
チャンク	99, 130
注　意	15
長期記憶	97
直観的思考	154

【て】

DNA	73

【と】

動　機	89
統計学	49
突然変異	51, 56
トップダウン	95

【な】

内　省	165
内分泌物質	74

【に】

日周性	167
人間関係	170
人間と機械	106, 138, 153
人間の変化	168
認識	128
認知	128, 131

【ね】

ネガティブフィードバック	22

【の】

脳波	80, 118

【は】

バイオニクス	24
バイオフィードバック	110, 117
罰	88
波動	80, 92, 96
パートナー	138
パブロフ	85
汎化	86
判断	131

【ひ】

光の伝搬	46
微小な動揺	63
ビット	127, 178
評価関数	33, 56
評価基準	48
評価のすり替え	53
評価量	33
表示	147

【ふ】

標準値	19
疲労	76
非論理的思考	95
不安定	35, 59
フィードバック	20, 178
複雑さ	150
不確かな選択	49
不適切問題	155
フリーズ	61
プロトコル	120
分化	87
分散システム	60
分配回路	87

【へ】

平均化	51

【ほ】

忘却	88
法則	64, 84
飽和形	143
ボトムアップ	95
ホメオスタシス	25, 62
ホルモン	82

【ま】

前処理	87

【む】

無意識	148

【め】

メリハリ	130

【も】

目標値	19
モデル	148

【や】

やる気	7, 15, 83, 89, 166
柔らかい学習	92

【ゆ】

揺さぶり	165

【よ】

抑制性	75
欲望	90, 174
予測	120, 146

【り】

リサーキュレート	100
リーダーシップ	60
リハーサル	100, 130
リラックス	117
倫理的問題	166

【る】

ループ	80

【れ】

連想メモリ	101

【ろ】

論理的思考	154
論理動作	75

―― 著者略歴 ――

1956 年　東京大学工学部電気工学科卒業
1962 年　工学博士（東京大学）
1963 年　東京大学工学部助教授
1974 年　東京大学医学部教授
1994 年　東京電機大学工学部教授
　　　　東京大学名誉教授
2004 年　東京電機大学名誉教授

医用生体工学，回路システム論の研究教育，医療の安全性，電磁界と生体，医療技術の国際協力，人間機械学などの研究に努めた．多数の境界領域学会の会長等役員を務めた．国際医用生体工学会等 名誉会員．学協会等の表彰も多い．

制御と学習の人間科学
Science of Human Control and Learning　　　　© Masao Saito 2005

2005 年 7 月 6 日　初版第 1 刷発行

|検印省略|　著　者　斎藤 正男（さいとう まさお）
　　　　　発行者　株式会社　コロナ社
　　　　　代表者　牛来辰巳
　　　　　印刷所　三美印刷株式会社

112-0011　東京都文京区千石 4-46-10
発行所　株式会社　コロナ社
CORONA PUBLISHING CO., LTD.
Tokyo Japan
振替 00140-8-14844・電話 (03) 3941-3131 (代)
ホームページ http://www.coronasha.co.jp

ISBN 4-339-07777-1　　（金）　（製本：愛千製本所）
Printed in Japan

無断複写・転載を禁ずる
落丁・乱丁本はお取替えいたします

電気・電子系教科書シリーズ

(各巻A5判)

■編集委員長　高橋　寛
■幹　　事　　湯田幸八
■編集委員　　江間　敏・竹下鉄夫・多田泰芳
　　　　　　　中澤達夫・西山明彦

配本順			著者	頁	定価
1.	(16回)	電 気 基 礎	柴田・皆田・尚志 共著	252	3150円
2.	(14回)	電 磁 気 学	多田・柴田・泰尚志 共著	304	3780円
4.	(3回)	電 気 回 路 II	遠藤・鈴木・勲靖 共著	208	2730円
6.	(8回)	制 御 工 学	下西・奥平・二郎鎮正 共著	216	2730円
9.	(1回)	電 子 工 学 基 礎	中澤・藤原・達勝夫幸 共著	174	2310円
10.	(6回)	半 導 体 工 学	渡辺英夫 著	160	2100円
11.	(15回)	電 気・電 子 材 料	中澤・押田・藤原・森山・服部 共著	208	2625円
12.	(13回)	電 子 回 路	須田・土田・健英二 共著	238	2940円
13.	(2回)	ディジタル回路	伊原・若海・吉沢・充博弘昌夫純 共著	240	2940円
14.	(11回)	情報リテラシー入門	室山・賀下・進也巌 共著	176	2310円
17.	(17回)	計 算 機 システム	春舘・日泉・雄健治 共著	240	2940円
18.	(10回)	アルゴリズムとデータ構造	湯田・伊原・幸充八博 共著	252	3150円
19.	(7回)	電 気 機 器 工 学	前田・新谷・邦勉弘 共著	222	2835円
20.	(9回)	パワーエレクトロニクス	江間・高橋・敏勲 共著	202	2625円
21.	(12回)	電 力 工 学	江間・甲斐・三木・吉川・隆成英敏章彦機 共著	260	3045円
22.	(5回)	情 報 理 論		216	2730円
25.	(4回)	情 報 通 信 システム	岡桑・田原・正裕史 共著	190	2520円

■以 下 続 刊■

3. 電 気 回 路 I	多田・柴田共著	5. 電 気・電 子 計 測 工 学	西山・吉沢共著
7. ディジタル制御	青木・西堀共著	8. ロ ボ ッ ト 工 学	白水　俊之著
15. プログラミング言語 I	湯田　幸八著	16. プログラミング言語 II	柚賀・千代谷共著
23. 通 信 工 学	竹下　鉄夫著	24. 電 波 工 学	松田・南部・宮田 共著
26. 高 電 圧 工 学	松原・植月・箕田 共著	27. 自 動 設 計 製 図	

定価は本体価格+税5％です。
定価は変更されることがありますのでご了承下さい。

図書目録進呈◆

機械系教科書シリーズ

(各巻A5判)

- ■編集委員長　木本恭司
- ■幹　事　平井三友
- ■編集委員　青木 繁・阪部俊也・丸茂榮佑

配本順			著者	頁	定価
1.	(12回)	機械工学概論	木本恭司 編著	236	2940円
2.	(1回)	機械系の電気工学	深野あづさ 著	188	2520円
3.	(20回)	機械工作法(増補)	平井三友・和田任弘・塚本晃久 共著	208	2625円
4.	(3回)	機械設計法	三田純義・朝比奈奎一・黒田孝春・口川志津・山川健二 共著	264	3570円
5.	(4回)	システム工学	古荒雄克・吉浜誠斎・己洋蔵 共著	216	2835円
6.	(5回)	材料学	久保井徳洋・樫原恵蔵 共著	218	2730円
7.	(6回)	問題解決のための Cプログラミング	佐中男・藤村次理郎 共著	218	2730円
8.	(7回)	計測工学	前田良一・木村至昭・押田啓之 共著	220	2835円
9.	(8回)	機械系の工業英語	牧生州雅・水野秀之・雄也 共著	210	2625円
10.	(10回)	機械系の電子回路	高阪晴俊・橋部茂雄 共著	184	2415円
11.	(9回)	工業熱力学	丸木榮佑・本茂恭司・忠 共著	254	3150円
12.	(11回)	数値計算法	藪伊民男・田本恭司・崎友紀 共著	170	2310円
13.	(13回)	熱エネルギー・環境保全の工学	井下浩明・木城一夫・山武光義 共著	240	3045円
14.	(14回)	情報処理入門 ―情報の収集から伝達まで―	松今明雅・宮坂田本彦・坂口石剛二 共著	216	2730円
15.	(15回)	流体の力学	田明紘靖・吉村内誠 共著	208	2625円
16.	(16回)	精密加工学		200	2520円
17.	(17回)	工業力学	米山夫 共著	224	2940円
18.	(18回)	機械力学	青木 繁 著	190	2520円
19.	(19回)	材料力学	中島正貴 著	216	2835円

以下続刊

機構学	重松洋一著	材料強度学	境田・上野共著
伝熱工学	丸茂・矢尾・牧野共著	熱機関工学	越智・老固・吉本共著
CAD／CAM	望月達也著	生産工学	下田・櫻井共著
ロボット工学	早川・榛・矢尾共著	自動制御	阪部・飯田共著
流体機械工学	小池・藤原共著		

定価は本体価格+税5％です。
定価は変更されることがありますのでご了承下さい。

◆図書目録進呈◆

ME教科書シリーズ

(各巻B5判)

■(社)日本生体医工学会編
■編纂委員長　佐藤俊輔
■編纂委員　稲田 紘・金井 寛・神谷 瞭・北畠 顕・楠岡英雄
　　　　　　戸川達男・鳥脇純一郎・野瀬善明・半田康延

	配本順		著者	頁	定価
A-1	(2回)	生体用センサと計測装置	山越・戸川共著	256	4200円
A-2	(16回)	生体信号処理の基礎	佐藤・吉川・木竜共著	216	3570円
B-1	(3回)	心臓力学とエナジェティクス	菅・高木・後藤・砂川編著	216	3675円
B-2	(4回)	呼吸と代謝	小野功一著	134	2415円
B-3	(10回)	冠循環のバイオメカニクス	梶谷文彦編著	222	3780円
B-4	(11回)	身体運動のバイオメカニクス	石田・廣川・宮崎・阿江・林共著	218	3570円
B-5	(12回)	心不全のバイオメカニクス	北畠・堀編著	184	3045円
B-6	(13回)	生体細胞・組織のリモデリングのバイオメカニクス	林・安達・宮崎共著	210	3675円
B-7	(14回)	血液のレオロジーと血流	菅原・前田共著	150	2625円
B-8	(20回)	循環系のバイオメカニクス	神谷 瞭編著	近刊	
C-1	(7回)	生体リズムの動的モデルとその解析 ―MEと非線形力学系―	川上博編著	170	2835円
C-2	(17回)	感覚情報処理	安井湘三編著	144	2520円
C-3	(18回)	生体リズムとゆらぎ ―モデルが明らかにするもの―	中尾・山本共著	180	3150円
D-1	(6回)	核医学イメージング	楠岡・西村監修 藤林・田口・天野共著	182	2940円
D-2	(8回)	X線イメージング	飯沼・舘野編著	244	3990円
D-3	(9回)	超音波	千原國宏著	174	2835円
D-4	(19回)	画像情報処理(I) ―解析・認識編―	鳥脇純一郎編著 長谷川・清水・平野共著	150	2730円
E-1	(1回)	バイオマテリアル	中林・石原・岩崎共著	192	3045円
E-3	(15回)	人工臓器(II) ―代謝系人工臓器―	酒井清孝編著	200	3360円
F-1	(5回)	生体計測の機器とシステム	岡田正彦編著	238	3990円

以下続刊

A	生体電気計測	山本尚武編著		A	生体用マイクロセンサ	江刺正喜編著
A	生体光計測	清水孝一著		B	肺のバイオメカニクス ―特に呼吸調節の視点から―	川上・西村編著
C	脳磁気とME	上野照剛編著		D	画像情報処理(II) ―表示・グラフィックス編―	鳥脇純一郎編著
D	MRI・MRS	松田・楠岡編著		E	電子的神経・筋制御と治療	半田康延編著
E	治療工学(I)	橋本・篠原編著		E	治療工学(II)	菊地眞編著
E	人工臓器(I) ―呼吸・循環系系人工臓器―	井街・仁田編著		E	生体物性	金井寛著
E	細胞・組織工学と遺伝子	松田武久著		F	地域保険・医療・福祉情報システム	稲田紘編著
F	臨床工学(CE)と ME機器・システムの安全	渡辺敏編著		F	医学・医療における情報処理とその技術	田中博編著
F	福祉工学	土肥健純編著		F	病院情報システム	石原謙編著

定価は本体価格+税5%です。
定価は変更されることがありますのでご了承下さい。

図書目録進呈◆